装配整体式SPCS结构成套技术

三一筑工科技股份有限公司　著

中国建筑工业出版社

图书在版编目（CIP）数据

装配整体式SPCS结构成套技术/三一筑工科技股份有限公司著. —北京：中国建筑工业出版社，2021.8

ISBN 978-7-112-26276-2

Ⅰ. ①装… Ⅱ. ①三… Ⅲ. ①建筑物-模块化组装 Ⅳ. ①TU2

中国版本图书馆CIP数据核字（2021）第135073号

本书全面、系统地介绍了装配整体式SPCS结构成套技术。全书共分为9章，包括：概述，装配整体式SPCS结构，装配整体式SPCS结构设计，装配整体式SPCS结构预制构件生产，装配整体式SPCS结构施工，装配整体式SPCS结构成本优势分析，BIM在装配整体式SPCS结构中的应用，装配整体式SPCS结构工程案例，装配式建筑发展的趋势与未来展望。本书内容精练，实用性强，可供装配式建筑行业从业人员参考使用。

责任编辑：王砾瑶　范业庶
责任校对：芦欣甜

装配整体式SPCS结构成套技术
三一筑工科技股份有限公司　著

*

中国建筑工业出版社出版、发行（北京海淀三里河路9号）
各地新华书店、建筑书店经销
霸州市顺浩图文科技发展有限公司制版
北京建筑工业印刷厂印刷

*

开本：787毫米×1092毫米　1/16　印张：14¾　字数：292千字
2021年9月第一版　2021年9月第一次印刷
定价：**60.00**元
ISBN 978-7-112-26276-2
（37670）

如有印装质量问题，可寄本社图书出版中心退换
（邮政编码 100037）

本书编委会

序　言

装配式建造方式是传统建筑业转型升级的重要手段，也是建筑企业从劳动密集型向智力密集型、从手工劳动为主向智能建造转变的手段和工具。自2016年以来，国务院、住房城乡建设部及各省市相继颁布有关政策和文件，大力推行装配式建筑。应该说，我国的装配式建筑真正迎来了快速发展的历史机遇。

为了响应国家号召，从大学到科研院所，从设计院到施工企业，从房地产企业到基金投资公司等，纷纷投入到装配式建筑的研发、设计、装备生产和技术推广应用中来，也涌现出了不少专门从事装配式建筑相关产业的专业化公司。

三一筑工科技股份有限公司凭借装备制造的优势，秉承“品质改变世界”的理念，将装备制造业与传统建筑业进行跨界融合，组织力量研发了“装配整体式SPCS结构成套技术”，从设计理论、结构体系、专业装备、生产制造、专业化施工等方面进行了系统研发。在装配式建筑结构体系方面，创新发展了混凝土叠合结构形式，通过叠合墙、叠合柱、叠合板、叠合梁等构件实现了竖向结构和水平结构的整体叠合；在生产装备方面，研发了柔性焊接网片机、钢筋成笼机和叠合柱成型专有装备；在专业化施工方面也有不少突破，编制了装配式整体混凝土叠合结构施工工法，使施工更加便捷、高效。

装配整体式SPCS结构技术在国家标准《装配式混凝土建筑技术标准》GB/T 51231基础上，对设计、生产和施工等方面进行了大胆创新，解决了竖向结构连接难题和工期、成本、整体安全性方面的痛点，实现了3～5d/层的施工速度。其中，通过采用焊接钢筋网片和机械成型钢筋笼，工业化程度大大提高，现场钢筋的绑扎量减少60%以上；混凝土叠合柱的研发成功，使混凝土叠合结构体系从剪力墙叠合结构体系发展到框架、框剪等系列混凝土叠合结构体系，拓展了装配式建筑应用领域。

《装配整体式SPCS结构成套技术》一书，从设计、装备、生产、施工四个维度系统介绍了装配式整体叠合混凝土结构的应用实践，为装配式建筑的推广和应用提供了一个良好选择。相信三一筑工研发的SPCS结构体系能为业界提供技术参考，也能为我国的装配式建筑推广做出新的贡献！

前　言

装配式建筑技术是引领建筑行业全面改革升级的新型建造方式，它集成了工业化、数字化、智能化等多个领域的优秀研发成果，突破性地整合了建筑行业的各个环节，从而改变了传统建筑业的生产方式，实现了建筑行业的创新转型升级和可持续发展。

2020 年 7 月，住房城乡建设部、国家发展改革委、科技部等 13 部门联合印发了《关于推动智能建造与建筑工业化协同发展的指导意见》，指出要以大力发展建筑工业化为载体，以数字化、智能化升级为动力，创新突破相关核心技术，加大智能建造在工程建设各环节应用，形成涵盖科研、设计、生产加工、施工装配、运营等全产业链融合一体的智能建造产业体系。

2020 年 9 月 22 日，国家主席习近平在第 75 届联合国大会上发表重要讲话，提出："中国将提高国家自主贡献力度，采取更加有力的政策和措施，二氧化碳排放力争于 2030 年前达到峰值，努力争取 2060 年前实现碳中和。"

为此，三一筑工科技股份有限公司积极响应习近平总书记指示和国家号召，基于三一集团智能装备制造、工业物联网和产业链金融的优势，把建筑当产品，把施工当制造，致力于"把建筑工业化"。同时，针对装配式建筑行业存在的工期、成本和质量等方面存在的痛点，组织了装配整体叠合结构的研究和开发，经过"理论研究、试验验证、装备研发、工艺工法研究、数据平台开发、工程实践的"闭环迭代，创新研发成功"空腔＋搭接＋现浇"的装配式结构体系及相关配套技术，即"数字科技驱动的建筑工业化系统"（SPCS）。

SPCS 通过创新的竖向预制技术与成熟的水平预制技术相结合，将预制构件与叠合后浇混凝土结合为整体结构，充分发挥预制构件和现浇混凝土各自的优势，实现了智能化设计、数字化生产、专业化施工，尤其是解决了装配式建筑关键的连接技术问题，实现了竖向和水平结构全预制、地上和地下结构全装配，为全面实现装配式建筑的新型工业化和智能建造奠定了良好的基础。

SPCS 技术具有"更好、更快、更便宜"的优势：

更好：结构整体安全，防水性好，成品精度高；

更快：构件重量轻，施工容错性强，可实现三天一层的主体结构施工速度；

更便宜：结构用钢量"接近"传统现浇，全过程少人化，成本优势日趋明显。

三一筑工科技股份有限公司顺应建筑"工业化、数字化、智能化"趋势，通过提供智能装备和数字工厂、关键技术和相关标准、工业软件和共享平台，为建筑产业赋能，积极推动新型建筑工业化和智能建造协同发展，努力实现“让天下没有难做的建筑”的企业愿景！

借此机会感谢三一筑工各部门及中国建筑科学研究院、清华大学等合作单位为 SPCS 结构技术研发、推广所做出的贡献！

书中难免有不足和错误之处，欢迎各位读者提出宝贵意见，推动技术提高和创新，共同为中国建筑业的转型发展做出贡献！

目　录

第 1 章　概述 …… 1

1.1　装配式建筑结构体系的发展 …… 1

1.1.1　我国装配式建筑的发展历程 …… 1

1.1.2　国外装配式建筑的发展历程 …… 2

1.2　装配式混凝土结构体系 …… 3

1.2.1　装配式混凝土结构体系概述 …… 3

1.2.2　装配整体式混凝土结构体系 …… 3

1.3　装配式建筑的发展趋势 …… 4

第 2 章　装配整体式 SPCS 结构 …… 6

2.1　装配整体式 SPCS 结构概况 …… 6

2.1.1　概述 …… 6

2.1.2　装配整体式 SPCS 结构竖向构件 …… 6

2.1.3　装配整体式 SPCS 结构水平构件 …… 7

2.2　混凝土叠合结构原理 …… 9

2.2.1　混凝土叠合结构的基本概念 …… 9

2.2.2　混凝土叠合结构特点 …… 9

2.3　装配整体式 SPCS 结构的创新 …… 10

第 3 章　装配整体式 SPCS 结构设计 …… 11

3.1　概述 …… 11

3.1.1　SPCS 结构组成 …… 11

3.1.2　SPCS 体系适用范围 …… 12

3.1.3　SPCS 体系设计原理 …… 14

3.1.4　SPCS 体系设计流程 …… 15

3.1.5　SPCS 体系设计内容 …… 19

3.2　材料 …… 25

3.2.1　混凝土 …… 25

3.2.2　钢筋、钢材及连接材料 …… 25

3.2.3　预埋件及连接件 …… 27

3.2.4 保温、防水材料 …… 27
3.2.5 其他材料 …… 29
3.3 结构设计基本规定 …… 30
3.4 作用及作用组合 …… 31
3.5 结构分析 …… 31
3.6 预制构件设计 …… 32
3.7 连接设计 …… 34
3.8 楼盖设计 …… 35
3.9 地下室叠合外墙设计 …… 36
3.10 SPCS预制空腔墙结构体系设计 …… 37
3.10.1 一般规定 …… 37
3.10.2 SPCS预制空腔墙连接设计与构造 …… 41
3.11 SPCS框架结构设计 …… 57
3.11.1 一般规定 …… 57
3.11.2 连接设计 …… 60
3.12 结构体系试验研究 …… 63
3.12.1 叠合墙体抗震性能试验 …… 64
3.12.2 叠合柱大偏压性能试验构件 …… 65
3.12.3 叠合柱抗震性能试验构件 …… 65
3.12.4 叠合梁受力性能试验构件（受弯） …… 66
3.12.5 叠合梁受力性能试验构件（受剪） …… 67
3.13 预制构件制作图 …… 68
3.13.1 预制构件制作图设计 …… 68
3.13.2 PC构件制作图设计内容 …… 69
3.14 SPCS设计质量管理 …… 72
3.14.1 设计模式及选择 …… 72
3.14.2 设计界面 …… 73
3.14.3 对设计单位的责任和义务的具体规定 …… 73
3.14.4 SPCS结构设计质量管理的要点 …… 74
3.14.5 SPCS结构设计的协同管理 …… 75
3.14.6 SPCS结构图纸审核 …… 77
3.14.7 SPCS结构设计容易出现问题的应对措施 …… 81

第4章 装配整体式SPCS结构预制构件生产 …… 84

4.1 预制构件模具设计与制作 …… 84

4.1.1 模具分类 …… 84
4.1.2 预制构件模具材料的优缺点 …… 85
4.1.3 模具设计 …… 86
4.1.4 模具制作 …… 87
4.1.5 模具的基本构造 …… 88
4.1.6 SPCS 体系预制空腔墙模具简介 …… 88
4.1.7 模具的质量验收 …… 89
4.1.8 模具使用过程中的养护 …… 92
4.2 装配式混凝土预制构件主要生产工艺 …… 92
4.2.1 平模传送流水工艺 …… 92
4.2.2 固定模台工艺 …… 93
4.2.3 立模工艺 …… 93
4.2.4 长线台座工艺 …… 94
4.2.5 平模机组流水工艺 …… 95
4.3 预制构件的生产流程 …… 95
4.3.1 钢筋加工 …… 96
4.3.2 模具组装 …… 98
4.3.3 钢筋安装 …… 98
4.3.4 预埋件安装 …… 99
4.3.5 混凝土布料 …… 101
4.3.6 收面与养护 …… 104
4.3.7 构件脱模 …… 105
4.3.8 成品保护 …… 106
4.4 SPCS 预制空腔墙与预制空腔柱的生产工艺 …… 106
4.4.1 预制空腔墙生产工艺 …… 106
4.4.2 预制空腔柱生产工艺 …… 109
4.5 SPCS 体系预制构件质量标准 …… 110
4.6 混凝土预制构件工厂布局 …… 116
4.6.1 工厂基本设置 …… 116
4.6.2 三一 PC 成套设备简介 …… 116
4.6.3 三一 PC 生产线简介 …… 127
4.7 预制成型钢筋网片与钢筋笼技术应用 …… 131
4.7.1 焊接钢筋网片与钢筋笼设计流程 …… 131
4.7.2 成型钢筋网片与钢筋笼技术在 SPCS 体系中的应用 …… 133
4.7.3 成型钢筋网片与钢筋笼的生产制作 …… 133

4.7.4 三一钢筋成型设备简介 …… 134

第 5 章 装配整体式 SPCS 结构施工 …… 138

5.1 施工准备 …… 138
5.1.1 人员配置 …… 138
5.1.2 机具设备 …… 138
5.1.3 施工道路 …… 143
5.1.4 技术文件 …… 144
5.1.5 构件运输与堆放 …… 144
5.2 施工工艺流程 …… 147
5.3 施工操作要点 …… 147
5.3.1 预制空腔墙 …… 147
5.3.2 预制空腔柱 …… 153
5.3.3 预制梁、叠合板 …… 155
5.3.4 混凝土浇筑 …… 158
5.3.5 预制楼梯 …… 159
5.4 质量控制与验收 …… 162
5.4.1 预制构件进场验收 …… 162
5.4.2 预制构件安装与连接 …… 171
5.4.3 后浇混凝土 …… 173
5.4.4 密封与防水 …… 175
5.4.5 结构实体检验 …… 176
5.4.6 装配整体式 SPCS 结构子分部工程质量验收 …… 176

第 6 章 装配整体式 SPCS 结构成本优势分析 …… 178

6.1 SPCS 结构体系与现浇结构成本对比 …… 178
6.1.1 设计成本 …… 178
6.1.2 施工阶段成本 …… 178
6.1.3 工期经济效益 …… 178
6.1.4 政策经济效益 …… 179
6.1.5 环境效益 …… 179
6.2 SPCS 结构体系与传统装配式结构成本对比 …… 180
6.2.1 测算明细 …… 181
6.2.2 测算结论及分析 …… 181
6.3 SPCS 结构体系成本展望 …… 182

第7章 BIM在装配整体式SPCS结构中的应用 …… 183
7.1 概述 …… 183
7.2 BIM技术在装配式建筑设计阶段的应用 …… 183
7.3 BIM技术在SPCS结构构件生产的应用 …… 184
7.4 BIM技术在装配式建筑施工阶段的应用 …… 185
7.5 BIM技术在运营维护阶段的应用 …… 187
7.6 BIM技术在成本控制方面的应用 …… 187
第8章 装配整体式SPCS结构工程案例 …… 189
8.1 【典型工程案例1】三一街区商住小区一期 …… 191
8.1.1 工程简介 …… 191
8.1.2 装配整体式SPCS体系成套技术应用情况 …… 193
8.1.3 效益分析 …… 203
8.2 【典型工程案例2】站南片区棚改项目31号楼幼儿园 …… 203
8.2.1 工程简介 …… 203
8.2.2 装配整体式SPCS体系成套技术应用情况 …… 203
8.2.3 效益分析 …… 209
第9章 装配式建筑发展的趋势与未来展望 …… 210
附录 专利清单 …… 212
参考文献 …… 222

第1章　概　　述

装配式建筑是以设计标准化、生产工厂化、施工装配化、管理信息化为特征，整合了设计、生产、施工、运营和维护全产业链，实现了建筑产品节能、环保、全生命周期价值最大化的新型建筑形式，是建筑业可持续发展的重要形式之一。推动装配式建筑产业化是实现建筑业“四节一环保”和“两提两减”转型升级的内在要求，符合国家绿色发展和供给侧结构性改革的新政策，也是创建“环境友好型、资源节约型”社会的可靠途径。

《中共中央国务院关于进一步加强城市规划建设管理工作的若干意见》要求，“积极推广应用绿色新型建材、装配式建筑和钢结构建筑，力争用10年左右的时间，使装配式建筑占新建建筑比例达到30%”。因此，发展装配式建筑已经成为推动社会经济发展的国家发展战略。

三大装配式建筑的国家标准《装配式混凝土建筑技术标准》GB/T 51231—2016、《装配式木结构建筑技术标准》GB/T 51233—2016、《装配式钢结构建筑技术标准》GB/T 51232—2016已于2017年6月1日正式实施，为装配式建筑行业的蓬勃发展提供了可靠的理论依据。传统的装配式钢结构已经具有完善的工业化技术；木结构虽然在技术上相对简单，但由于国情所限，我国大部分区域并不适合推广使用，且目前的市场占有率较小；装配式混凝土建筑成为我国最为普遍的装配式建筑形式，也是我国建筑工业化发展的主要方向之一。

目前，我国通过多年的实践研究已经形成了系统性的装配式混凝土建筑体系，主要包括装配式混凝土框架结构体系、装配式混凝土剪力墙结构体系和装配式混凝土框架-现浇剪力墙结构体系等。本书所述的装配整体叠合结构体系既是我国装配式结构体系的集成创新，也是装配式结构体系发展的必然趋势。

1.1　装配式建筑结构体系的发展

1.1.1　我国装配式建筑的发展历程

1. 起步阶段

自20世纪50年代，我国开始发展装配式建筑技术，通过学习借鉴西方发达国家的经验并不断探索，初步建立了装配式建筑技术体系，推行了标准化设计、工厂化生产、装配式施工的建造方式。在装配式建筑发展初期，装配式技术主要应用在内浇外挂住宅、大板住宅、框架轻板住宅等体系之中，形成了住宅标准化的设计概念，编制了标准图集及标准设计方法。

2. 持续发展阶段

20世纪80年代末，随着建筑业多元化发展，原有的装配式建筑产品已远远不能满足需求，同时由于当时的技术受限，装配式建筑的抗震性、结构整体性、隔声、保温等问题也显现出来。与此同时，随着商品混凝土的快速推进，现浇建筑方式逐步显现优势，装配式建筑的发展受到了制约，在建设中的比例逐渐减少。在这个阶段，我国的装配式建筑探索和前进的步伐始终没有停止，建设部住宅产业化促进中心及一些先进城市的相关政府部门、科研单位及一些企业，始终在不断发展和推广装配式建筑技术。1999年，建设部住宅产业化促进中心推动建设了一批国家住宅产业化示范基地，开辟了探索新的城市发展道路的工作思路，装配式建筑也因此走上了快速发展的道路。

3. 全面发展阶段

2015年至今，装配式建筑进入全面发展阶段，表现为技术进步开始促进装配式建筑的发展，行业内生动力也逐渐增强。《中共中央国务院关于进一步加强城市规划建设管理工作的若干意见》（中发［2016］6号）、《关于大力发展装配式建筑的指导意见》（国办发［2016］71号）等一系列国家政策措施的发布，为装配式建筑的发展提供了及时、有力的政策支持。

1.1.2 国外装配式建筑的发展历程

西方发达国家装配式建筑的发展已经有一百多年的历史，相关的技术、标准、管理等较为完善，日本、美国、欧洲等国家和地区由于政治、人文、环境等因素的不同，其装配式建筑的体系及发展状况也各有不同。

日本以框架、木结构体系为主，优先考虑抗震性能。日本从1955年开始制定、实施“住宅建设十年计划”，1961年实施“住宅建设五年计划”。1963年，日本预制建筑协会组建，1968年，日本第一次出现“住宅产业”这个词汇，1990年采用工业化、部件化生产方式，至此，日本的住宅产业不断从专业化、标准化、工业化走向集约化、信息化，逐步完善装配式建筑技术体系。

美国装配式住宅房屋结构体系大多采用钢结构、木结构。1976年，美国设立法案并编制规范，严格控制装配式建筑质量，建立相关质量验证制度以保证产品质量。由于产品部件齐全且质量过关，当地居民可放心地通过产品目录购买所需要的产品。

欧洲的装配式建筑发展主要起源于第二次世界大战之后。由于第二次世界大战期间房屋破坏较为严重，欧盟推动了一系列建筑标准化规程、规则的建立，使得欧洲装配式建筑发展十分迅速，实现了标准化、专业化和工业化。此外，欧盟强调要走绿色低碳且可持续发展的建筑工业化道路。

1.2　装配式混凝土结构体系

1.2.1　装配式混凝土结构体系概述

装配式混凝土结构体系是指在装配式建筑标准化设计的基础上，先由工厂生产混凝土预制构件，再将预制构件运输到施工现场进行装配的体系。构件现场装配的方法大多为钢筋锚固后浇混凝土、现场后浇叠合层混凝土连接等，受力钢筋的连接大多使用焊接、机械连接、套筒灌浆连接等方法。装配式混凝土结构体系根据装配化程度及连接方式，分为装配整体式混凝土结构体系和全装配式混凝土结构体系两类。

装配整体式混凝土结构是指由预制混凝土构件或部件通过钢筋、连接件或施加预应力加以连接并现场浇筑混凝土和水泥基灌浆料，形成整体受力的装配式混凝土结构。

全装配式混凝土结构即全部构件采用预制形式，节点位置采用灌浆或螺栓连接等处理方式的装配式混凝土结构。

1.2.2　装配整体式混凝土结构体系

装配整体式混凝土结构体系和现浇结构体系相似，主要可分为框架结构体系、剪力墙结构体系及框架-剪力墙结构体系三大类，各种结构体系的选择可根据具体工程的高度、平面、体型、抗震等级、设防烈度及功能特点进行确定。

1. 装配整体式混凝土框架结构体系

框架结构体系是利用梁、柱组成的纵横两个方向的框架构成主要受力体系的结构体系。装配整体式混凝土框架结构体系由部分或全部的框架梁、柱、板等预制构件装配而成。此体系可以同时承受水平荷载和竖向荷载。装配整体式混凝土框架结构中构件之间的连接方式主要是指梁与柱在节点处的连接、柱与柱的连接及梁和板的连接。框架结构体系的墙体并不起到承重作用，而是用来围护和分隔，大多由预制构件组成。

装配式框架结构体系的优势在于可以灵活布置建筑平面、提供尽量多的建筑空间、方便处理建筑立面等。其主要缺点为横向刚度较小，当楼层较高时，容易产生较大的侧移进而导致非承重构件，如装饰、隔墙等破损，进而影响整体效果。

2. 装配整体式混凝土剪力墙结构体系

装配整体式混凝土剪力墙结构体系为部分或全部采用预制承重墙板，墙板在工厂制作完毕，运输到施工现场吊装就位后通过可靠的方式进行连接的装配式结构体系。装配整体式混凝土剪力墙结构体系通过水平和竖向有效连接，形成具有可靠传力机制，并满足变形和承载力要求的结构体系。主要构件类型包括：混凝土剪力墙、单面叠合剪力墙、双皮墙、预制空腔墙等。

3. 装配整体式混凝土框架-现浇剪力墙结构体系

装配整体式混凝土框架-现浇剪力墙结构是由现浇剪力墙和装配式混凝土框架结构一同承受水平与竖向荷载的结构，现行行业标准《装配式混凝土结构技术规程》JGJ 1—2014 要求该结构体系中剪力墙采用现浇方式，最大适用高度与现浇框架-剪力墙结构一致，适用于高层和超高层的建筑，如图 1-1 所示。

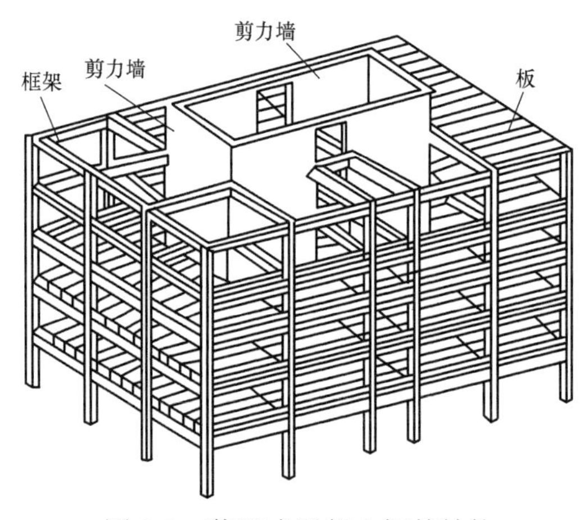

图 1-1　装配式混凝土框剪结构

1.3　装配式建筑的发展趋势

分析总结发达国家发展装配式建筑的实践和发展规律，可以为我国发展装配式建筑提供很好的经验和方向。目前，在我国大力发展装配式建筑的大背景下，因地制宜、结合国家政策及各地方政府的需求，率先在保障性住房中采用装配式建筑技术，并迅速扩大产业规模，待技术体系发展成熟后，逐渐运用在住宅以外的其他建筑项目中；在高抗震烈度地区，积极学习和采用创新双皮墙体系，以保证抗震性能；使预制构件与机电、建筑、装修一体化发展，充分发展产业链饱和度，大集团企业起带头作用引领行业技术发展，颁布相应的企业规程和标准，带动中小型专业性公司发展，形成大小企业共同、持续发展的产业链体系；以社会化、市场化发展为主，与行业协会和政府部门等紧密合作，完善标准体系和技术体系以及管理体系，促进装配式建筑项目在工程中的实践；根据装配式建筑行业的专业技能要求，选拔建立具有专业水平和技能的队伍，推进整体产业链人才队伍的形成；同时，着重发展预制构件生产智能化、自动化技术的应用，包括：自动拆布模、自动画线、智能化材料转运、全过程信息化管理等方面实现技术上的突破，并不断完善。

综上所述，装配式建筑是我国建筑行业未来发展的趋势，必将对装配式结构体系的设计研发、装备制造、施工技术提出越来越高的要求。

第2章　装配整体式 SPCS 结构

2.1　装配整体式 SPCS 结构概况

2.1.1　概述

装配整体叠合结构体系（简称 SPCS 体系）是全部或部分抗侧力构件采用叠合剪力墙、叠合柱的装配式混凝土结构体系。以预制部分的钢筋混凝土结构承受施工荷载并以其作为混凝土浇筑模板，待现浇混凝土达到设计强度后，再由预制部分和现浇部分形成的整体叠合截面承受使用荷载。

与一般的装配式结构相比，采用 SPCS 体系可以明显提高建筑的整体刚度和抗震性能，同时混凝土叠合结构有着构件重量轻、便于运输、现场安装简便快速、施工质量可靠等优点。对比现浇混凝土结构，混凝土叠合结构可以很大程度上减少模板和钢筋作业量，尤其是高空或其他困难条件下，可以提高施工效率，节省模板材料，提高经济效益。

SPCS 体系采用竖向叠合与水平叠合于一体的整体叠合结构形式，利用混凝土叠合原理，把竖向叠合构件（柱、墙）、水平叠合构件（板、梁）、墙体边缘构件等通过现浇叠合部分混凝土结合为整体，充分发挥了预制混凝土构件和现浇混凝土的优点。

SPCS 体系预制构件包括预制空腔墙、预制空腔柱、叠合梁、预制叠合板等。该体系的最大特点是实现了竖向结构和水平结构的整体叠合，实现构件生产的工厂化，连接方式便捷、可靠，施工简单、快速。

2.1.2　装配整体式 SPCS 结构竖向构件

1. 预制空腔墙

预制空腔墙是指由成型钢筋笼及两侧预制墙板组成，中间为空腔的预制构件。中间空腔包含保温层，通过拉结件将内、外页板可靠连接的预制构件称为预制夹心保温空腔墙构件。预制空腔墙构件现场安装就位后，在空腔内浇筑混凝土，通过必要的构造措施，使现浇混凝土与预制构件连接为整体，形成共同承受竖向和水平作用的叠合剪力墙，其中采用预制夹心保温空腔墙构件的叠合剪力墙称为夹心保温叠合剪力墙。

预制空腔墙主要有以下优点：

（1）预制空腔墙可同时将保温板与外页墙板一次性预制复合，从而实现保温节能一体化、外墙装饰一体化（图 2-1）。

（2）预制空腔墙可减少约 50%的构件自重，便于运输、吊装。同时，因构件自重显著减轻，可预制较长、较大墙板，减少墙板拼缝。

（3）预制空腔墙内页板与外页板采用无出筋设计，便于自动化生产与现场安装。

（4）通过生产及建造工艺的改进，可实现门窗洞口免封堵、边缘构件预制等，进一步减少现场安装、支模工作量，改善施工现场条件，提高施工效率。

2. 预制空腔柱

预制空腔柱是由成型钢筋笼与混凝土一体制作而成的中空预制柱构件。预制空腔柱构件运到现场安装就位后，在空腔内浇筑混凝土，并通过必要的构造措施，使现浇混凝土与预制构件连接为整体，形成共同承受竖向和水平作用的叠合柱。各层的预制空腔柱之间纵向钢筋通过直螺纹套筒、挤压套筒或其他专用套筒机械连接，无套筒灌浆工序，有效保证了施工质量。同时配合相应的施工工艺，可生产双层预制空腔柱，进一步提高施工效率（图 2-2）。

图 2-1　预制空腔墙

图 2-2　预制空腔柱

2.1.3　装配整体式 SPCS 结构水平构件

1. 混凝土叠合梁

混凝土叠合梁由现浇和预制两部分组成。预制部分由工厂生产完成，运输到施工现场进行安装，再在叠合面上浇筑上层混凝土，使其形成连续整体构件。混凝土叠合梁的主要断面形式有 U 形、倒 T 形和方形（图 2-3、图 2-4）。

2. 混凝土叠合楼板

混凝土叠合楼板包括钢筋桁架预制叠合板、预应力混凝土空心板（图 2-5）等。混

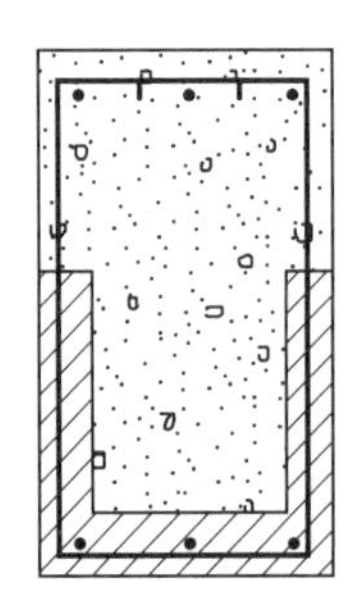 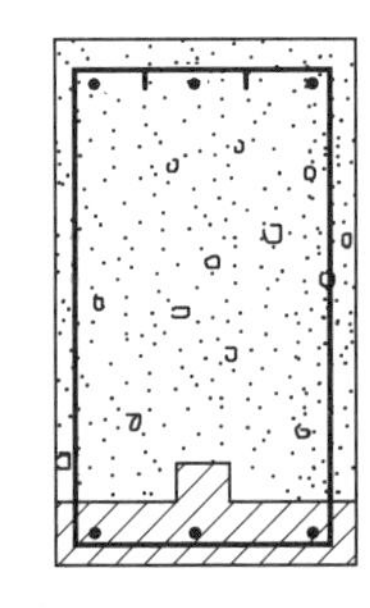 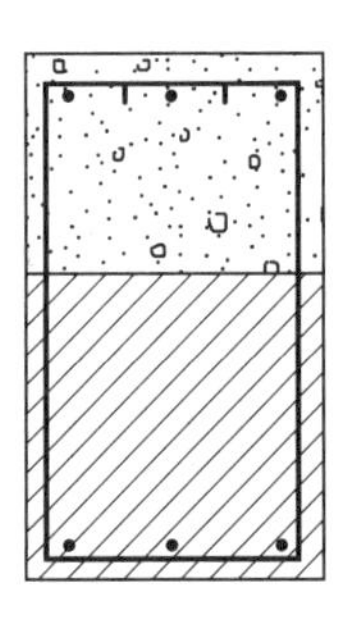

图 2-3 叠合梁截面形式

图 2-4 混凝土叠合梁施工

凝土钢筋桁架预制叠合板由现浇和预制两部分组成。通过桁架钢筋，使预制板与现浇混凝土有效连接；同时，将预制板叠合面处理成粗糙面，增加抗剪能力，使现浇混凝土与预制部分更加有效地粘结。预应力混凝土空心板是一种混凝土预应力结构构件，该产品具有环保、节能、隔声、抗震、阻燃等特点，而且延性好，临破坏前有较大挠度，板安全度高。

图 2-5 预应力混凝土空心板与混凝土钢筋桁架预制叠合板

2.2 混凝土叠合结构原理

2.2.1 混凝土叠合结构的基本概念

混凝土叠合结构最初是为了解决预制结构吊装能力不足，或是现浇整体结构现场浇筑混凝土时施工模板支设困难，以及占用工期较长等施工问题而发展起来的。一般是指在预制的钢筋混凝土或预应力混凝土梁板上后浇混凝土所形成的二次浇筑混凝土结构，按其受力性能可以分为“一次受力叠合结构”和“二次受力叠合结构”两类。

如图 2-6 所示，为典型的混凝土叠合结构节点。施工时，预制底板吊装就位后，若在其下设置可靠的支撑，施工阶段的荷载将全部由支撑承受，预制底板只起到叠合层现浇混凝土模板的作用，待叠合层现浇混凝土达到设计强度之后拆除支撑，由浇筑后形成的叠合板承受使用期的全部荷载，叠合板整个截面的受力是一次发生的，从而构成了“一次受力叠合板”。

图 2-6　混凝土叠合结构节点示意

若采用预应力混凝土空心板，则施工时预应力混凝土空心板吊装就位后，不加支撑，直接以预制底板作为现浇层混凝土的模板并承受施工时的荷载，待其上的现浇层混凝土达到设计强度之后，再由预制部分和现浇部分形成的叠合板承受使用期荷载，叠合板整个截面的应力状态是由两次受力产生的，便构成了“二次受力叠合板”。

2.2.2 混凝土叠合结构特点

从制作工艺上看，由工厂制造叠合结构的主要受力部分，机械化程度较高，质量满足要求，采用流水作业生产速度快，并且可提前制作，不占关键工期，而且预制部分的模板可以重复利用。现浇混凝土以预制部分作模板，较全现浇结构可减少支模工作量，改善施工现场条件，提高施工效率。同时，因叠合构件自重较普通预制构件有较大幅度减轻，可降低塔式起重机或其他起重设备型号，有效降低施工措施费。

对比全装配式结构体系，因叠合结构体系的墙体连接、预制梁支座处均为现场浇筑混凝土，可提高结构的抗震性能和整体刚度。从试验结果看，混凝土叠合墙、混凝土叠合柱、叠合板与叠合梁经过科学的结构拆分设计均能接近现浇结构的力学性能，可采用等同现浇的结构计算方法进行计算。

长期的工程实践结果和试验表明，混凝土结构工程中采用叠合结构有着很好的经济效益，可以节省人工、降低模板用量，缩短工期。

装配式混凝土叠合结构的基本构件一般为混凝土叠合墙、钢筋桁架预制叠合板、混凝土叠合柱和叠合梁，截面由预制混凝土截面和后浇混凝土截面组成，新旧叠合面的抗剪性能决定了它们的工作性能。由此可见，混凝土叠合结构的设计要求更高，涉及工作量更大，与此同时，也对混凝土叠合结构的工厂生产和现场施工技术提出了更高的要求。

2.3 装配整体式SPCS结构的创新

装配整体式SPCS结构较普通装配式混凝土结构具有如下创新。

(1) SPCS体系竖向结构全部采用了空腔叠合结构，尤其是创新性采用预制空腔柱，使空腔叠合框架结构和空腔叠合框架-剪力墙结构成为现实。

(2) 采用钢筋焊接网片和成型钢筋笼的空腔叠合剪力墙体系、采用整体成型预制空腔柱的空腔叠合框架结构体系均属于首创。

(3) 结构体系构件自重更轻。SPCS体系通过融合预制空腔柱、叠合梁、预制空腔墙、叠合板等构件形成科学的体系，相比较传统实心预制柱、墙与叠合板、梁的组合方式，主要受力预制构件出厂时自重更轻，便于运输与吊装，对塔式起重机和其他起重设备的最大吊起重量要求较低，可有效降低施工措施费。

(4) 连接方式更加有效。常见的装配整体式混凝土结构竖向构件，采用灌浆套筒连接技术，此种方式难以保证注浆质量且后期无法检测，而装配整体式混凝土叠合结构体系（SPCS体系）构件连接均采用钢筋套筒机械连接或间接搭接，可有效避免灌浆套筒连接的质量隐患，从而保证施工质量，提高施工效率。

(5) 便于工厂自动化生产。采用SPCS体系配套生产设备，可自动加工成型钢筋笼，现场快速安装。同时，SPCS空腔构件采用不出筋设计，适合全自动流水线生产工艺。

第3章　装配整体式SPCS结构设计

3.1　概述

3.1.1　SPCS结构组成

装配整体叠合结构（SPCS）体系由预制空腔墙、预制空腔柱与叠合梁、叠合楼板等多种构件组装而成，其中构件空腔内设置连接钢筋，构件现场就位后在空腔内浇筑混凝土，使预制构件与现浇混凝土形成整体，共同承受竖向及水平作用（图3-1、图3-2）。

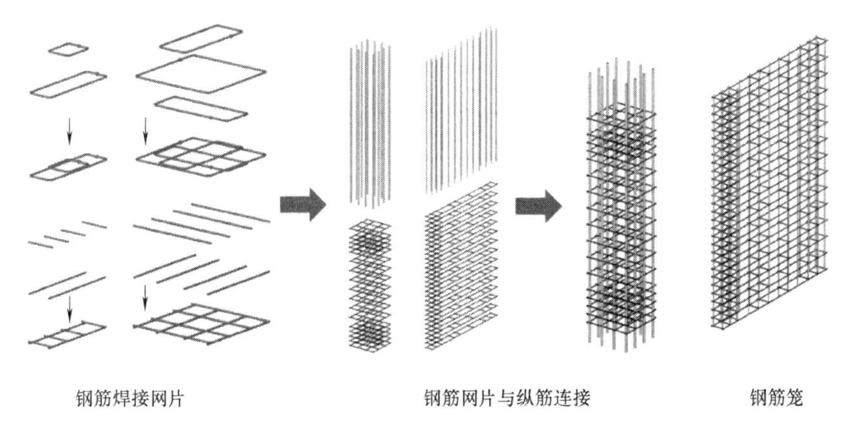

图3-1　钢筋笼及成型工艺

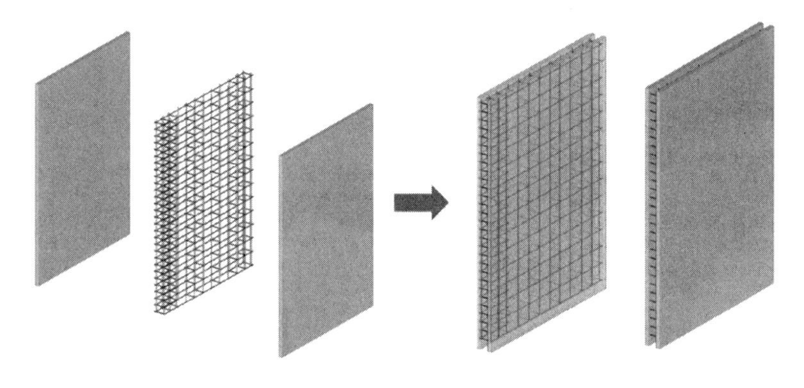

图3-2　SPCS预制构件（一）

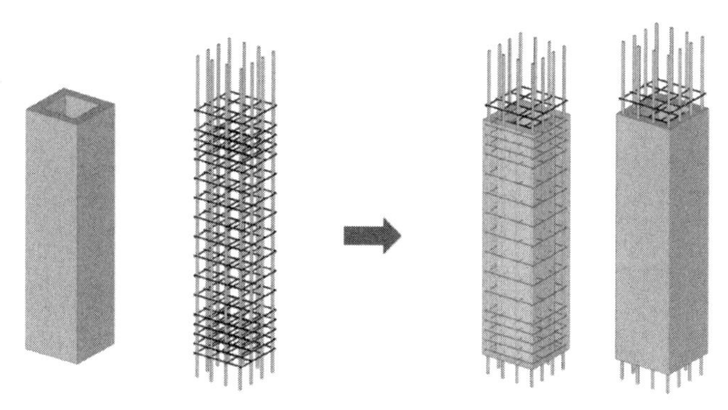

图3-2　SPCS预制构件（二）

3.1.2　SPCS体系适用范围

SPCS体系主要包含预制空腔墙构件、预制空腔柱构件、叠合梁构件、叠合板构件，各种构件通过不同的组合形式，可组成框架结构、框架剪力墙结构、剪力墙结构、地下室外墙等常用的结构体系（表3-1），这些结构体系又可以实现医疗建筑、办公建筑、科研建筑、商业建筑、文教建筑、居住建筑、地下工程等建筑功能，适用范围非常广泛（图3-3）。

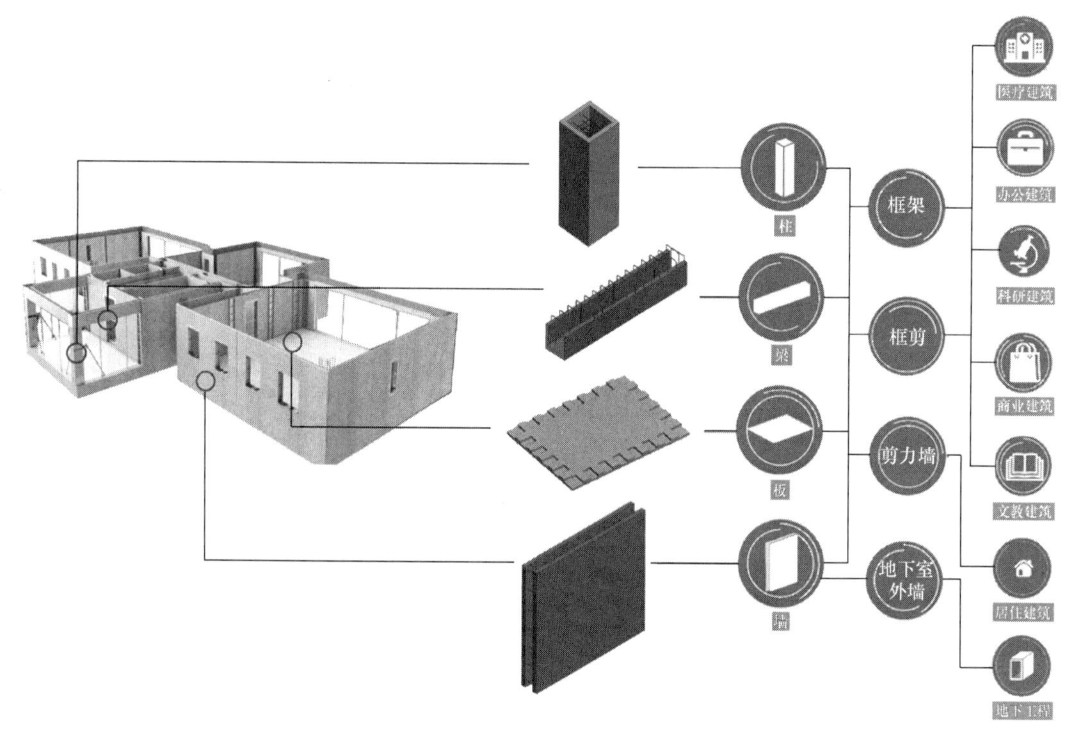

图3-3　SPCS组成及适用范围

SPCS 体系可用的结构形式　　表 3-1

序号	名称	定义	平面示意图	立体示意图	说明
1	框架结构	由柱、梁为主要受力构件组成的承受竖向和水平作用的结构	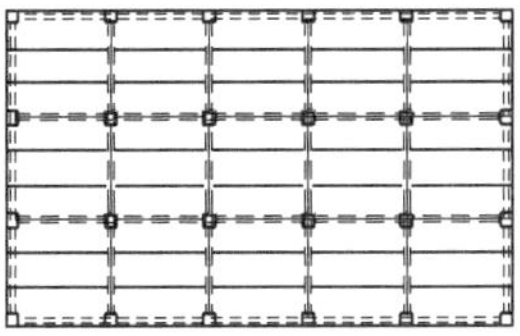	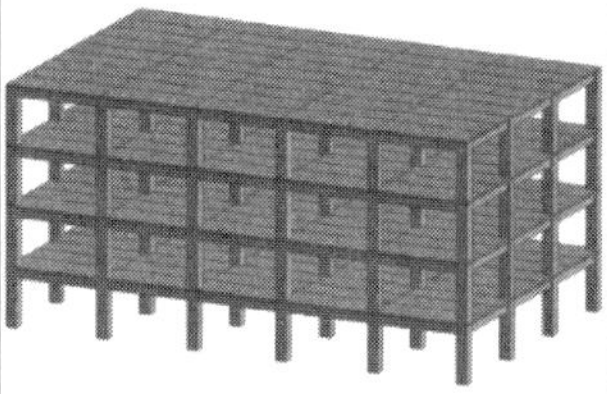	适用于多层和小高层装配式建筑，是应用非常广泛的结构
2	框架-剪力墙结构	由柱、梁和剪力墙共同承受竖向和水平作用的结构	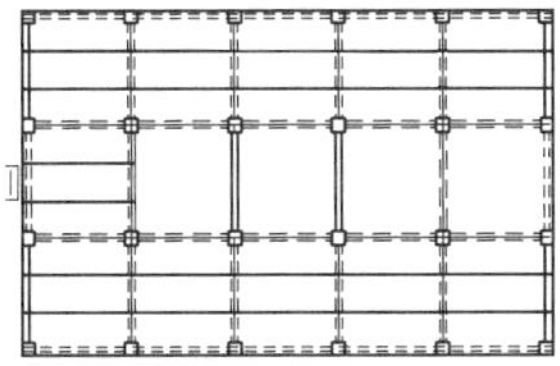	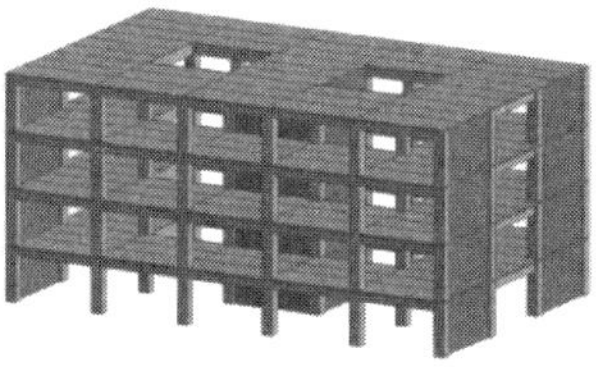	适用于高层装配式建筑
3	剪力墙结构	由剪力墙承受竖向和水平作用的结构	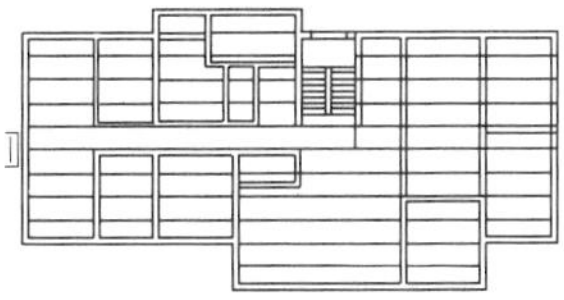	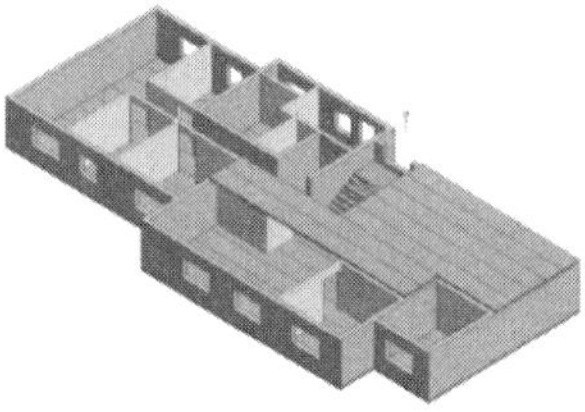	适用于多层和高层装配式建筑，在国内应用较多
4	筒体结构	外围为密柱框筒，内部为剪力墙组成的结构	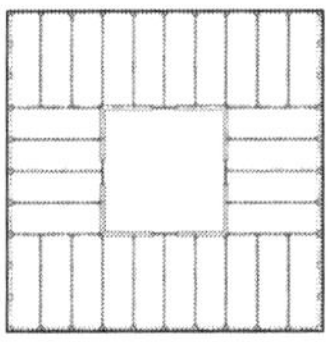	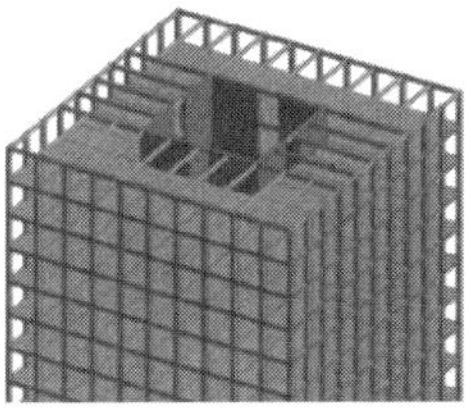	适用于高层和超高层装配式建筑，在国外应用较多
5	板柱结构	由柱、柱帽和楼板组成的承受竖向与水平作用的结构		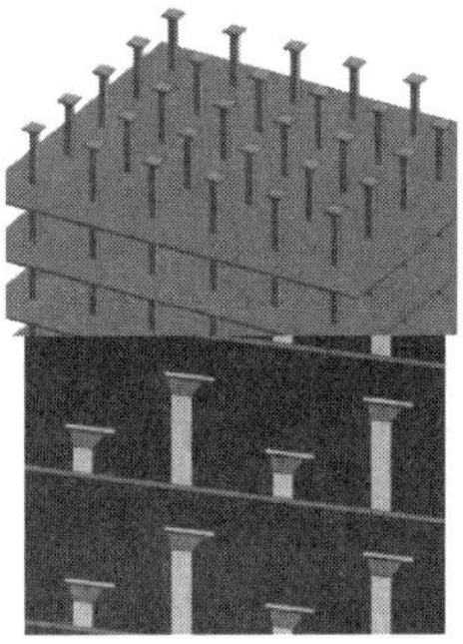	适用于商场、停车场、图书馆、地下室等大空间建筑

SPCS 体系适用高度与行业标准《装配式混凝土结构技术规程》JGJ 1—2014 对装配整体式结构房屋的最大适用高度规定的限值一致（表 3-2）。

SPCS 体系最大适用高度（m） **表 3-2**

建筑类型（常用结构类型）		抗震设防烈度			
		6 度	7 度	8 度(0.2g)	8 度(0.3g)
居住建筑（预制空腔墙结构体系）		130	110	90	70
公共建筑	多层：学校、办公、商业、医院等(叠合框架结构)	60	50	40	30
	高层：办公、商业等(叠合框架-剪力墙结构)	130	110	90	70
	超高层：办公、商业等(叠合框架-现浇核心筒结构)	150	130	100	90

3.1.3 SPCS 体系设计原理

1. SPCS 结构设计“等同原理”

SPCS 体系结构设计的基本原理为“等同原理”，即采用可靠的连接技术和必要的构造措施，使 SPCS 体系构件受力、破坏模态与现浇构件一致，具有与现浇结构一致的抗震性能，可采用现有规范对 SPCS 体系进行构件、体系的设计与分析。结构构件的连接方式是最重要、最根本的，但并非连接方式可靠即可，还必须对相关结构和构造做一些加强或调整，应用条件也会比现浇混凝土结构更严格，具体内容详见《装配整体式钢筋焊接网叠合混凝土结构技术规程》T/CECS 579—2019（图 3-4），此标准已于 2019 年 6 月 1 日正式实施。

2. SPCS 体系设计特点

（1）结构模型和计算与现浇结构相同，仅对个别参数进行微调整。

（2）配筋与现浇相同，只是在连接或其他个别部位予以加强。

（3）钢筋连接部位每个构件同一截面内达到 100%，且每一楼层的钢筋连接都在同一高度。

（4）水平缝受剪承载力计算理论与现浇相同。

（5）在混凝土预制与现浇的结合面设置粗糙面、键槽等构造措施。

（6）钢筋采用钢筋焊接网片和成型钢筋笼。在对钢筋进行设计时，直径及间距需遵循模数化原则，水平钢筋应以网片形式输出，便于机械化制作，钢筋加工实现了高度工业化。

中国工程建设标准化协会

公　告

第 413 号

关于发布《装配整体式钢筋焊接网叠合混凝土结构技术规程》的公告

根据中国工程建设标准化协会《关于印发〈2018 年第二批协会标准制订、修订计划〉的通知》（建标协字〔2018〕030 号）的要求，由三一筑工科技有限公司、建研科技股份有限公司等单位编制的《装配整体式钢筋焊接网叠合混凝土结构技术规程》，经本协会混凝土结构专业委员会组织审查，现批准发布，编号为 T/CECS 579-2019，自 2019 年 6 月 1 日起施行。

二〇一九年二月二十二日

图 3-4　装配整体式钢筋焊接网叠合混凝土结构技术规程及施行公告

3.1.4　SPCS 体系设计流程

（1）SPCS 体系设计阶段，应采用系统集成的方法统筹建设需求、设计、生产运输、施工安装的全过程，并应加强建筑、结构、设备、装修等专业之间的协同，具体设计流程及设计界面如图 3-5 所示。

（2）设计过程中宜采用建筑信息化模型（BIM）技术，结合相关数字化管理平台，实现全专业、全过程的信息化管理。

SPCS＋PKPM 是三一筑工科技股份有限公司与国内权威结构计算软件研发单位中国建筑科学研究院合作开发的专门为 SPCS 量身定制的软件。SPCS＋PKPM 可以实现构件自动拆分、结构计算及钢筋布置、构件深化设计、钢筋自动避让、智能生成构件图及节点详图、快速导出生产加工数据等功能，是一款智能深化设计软件（图 3-6）。

SPCS＋PKPM 软件特点主要有以下几个方面：

1）规范化：内置符合国内规范的权威结构计算模块，确保设计方案符合现行国家规范，准确完成 SPCS 构件深化设计。

2）智能化：软件可自动生成拆分设计方案、自动配筋、碰撞检查及钢筋避让、快速出图，真正实现高效便捷的设计。

3）全程化：软件可自动加工数据，通过三一筑工筑享云平台和数字工厂集成系统

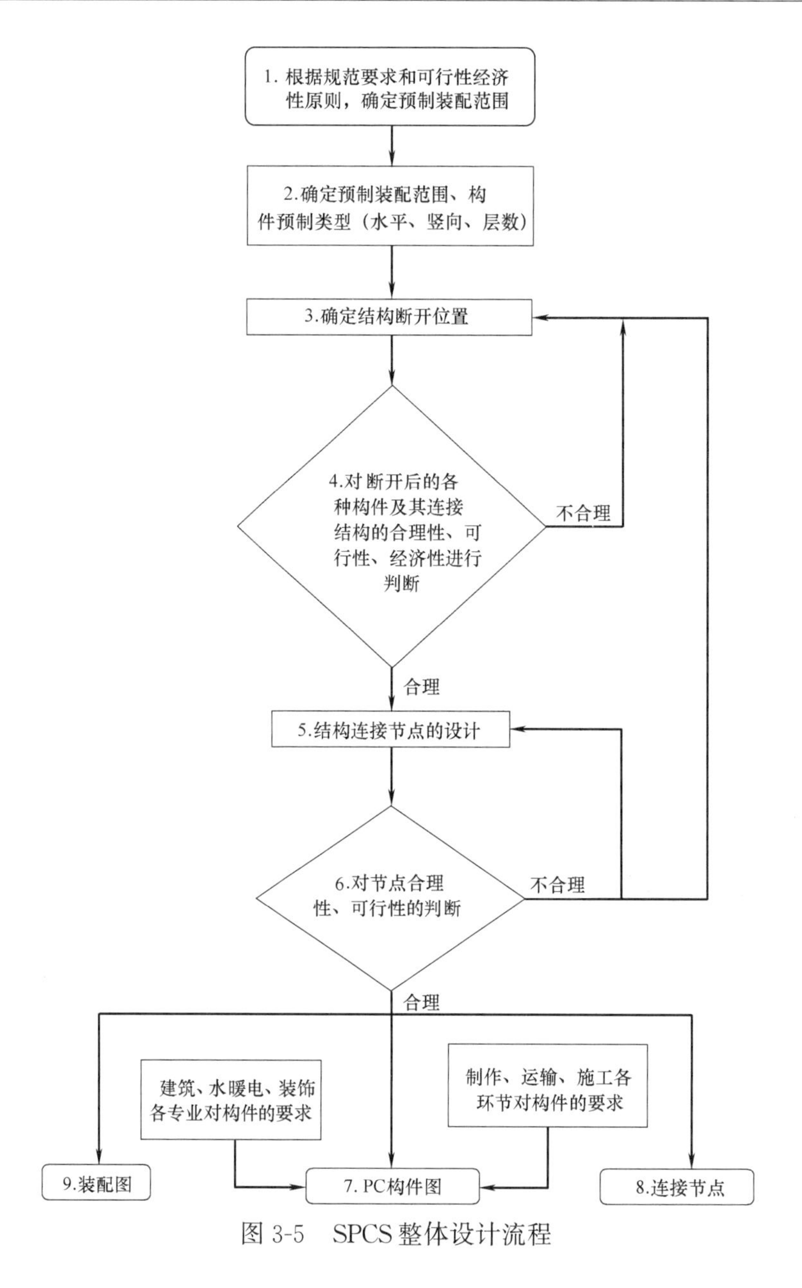

图 3-5　SPCS 整体设计流程

SPCI，打通构件深化设计全流程数据链，驱动数字工厂生产，实现基于 BIM 的数字孪生。

采用 SPCS+PKPM 智能深化设计软件完成 SPCS 设计，可提高设计效率 50%，设计准确性大大提高，真正利用数字化手段改变建筑行业的设计方式，让装配式建筑设计变得更加轻松。

（3）SPCS+PKPM 设计流程如图 3-7 所示，具体如下：

1）模型创建及导入：软件可内置建模，也可直接导入外部结构计算模型和多种格式软件模型，取消翻模环节，缩短设计时间。

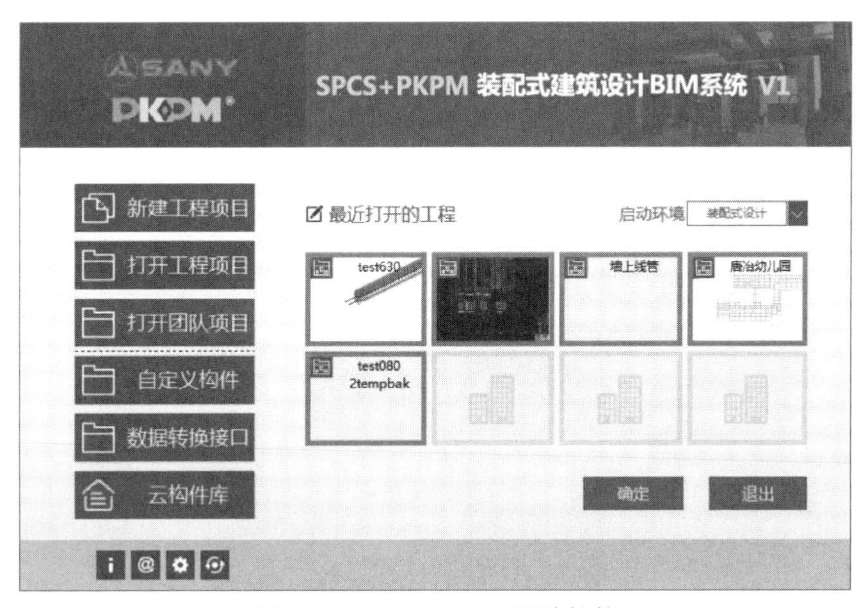

图 3-6　SPCS＋PKPM 设计软件

2）方案设计：内置 SPCS 深化设计参数，快速生成拆分方案及装配率指标表。

3）整体计算：通过内置的权威结构计算模块，快速验证设计方案，保证方案的合理、合规性。

4）自动配筋：依据计算结果，自动完成构件配筋，大大缩短深化设计时间。

5）碰撞检查：软件可检测钢筋、埋件之间的碰撞点，根据设计需求完成自动化避让。

6）成果导出：软件可智能生产构件图、节点详图、BOM 清单、生产加工数据 U 文件和 JSON 文件，确保图纸、模型、数据三方面的一致性，真正实现准确化的设计与生产。

SPCS+PKPM模型创建

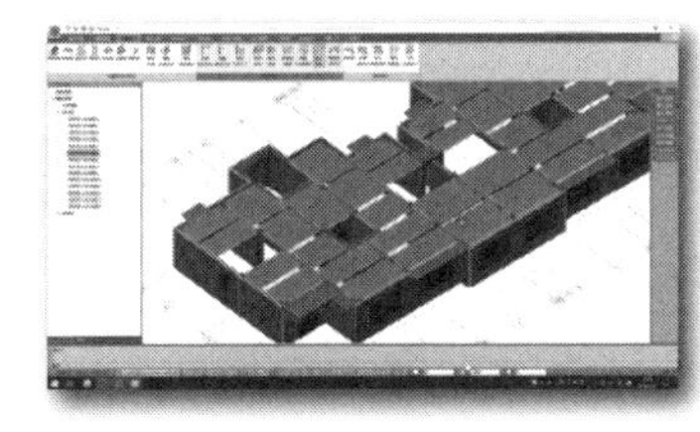

SPCS+PKPM构件拆分设计

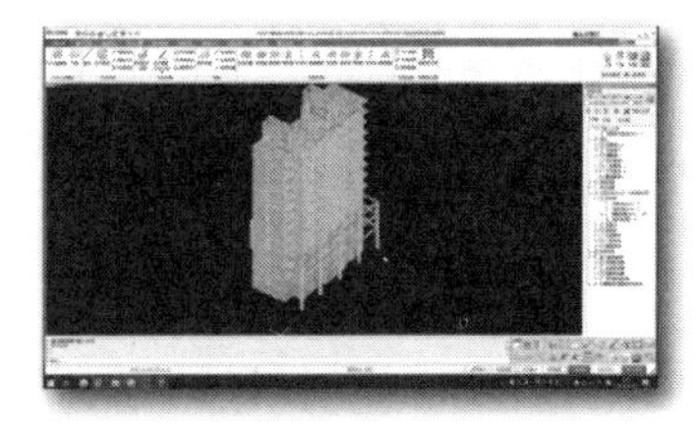

SPCS+PKPM整体计算分析

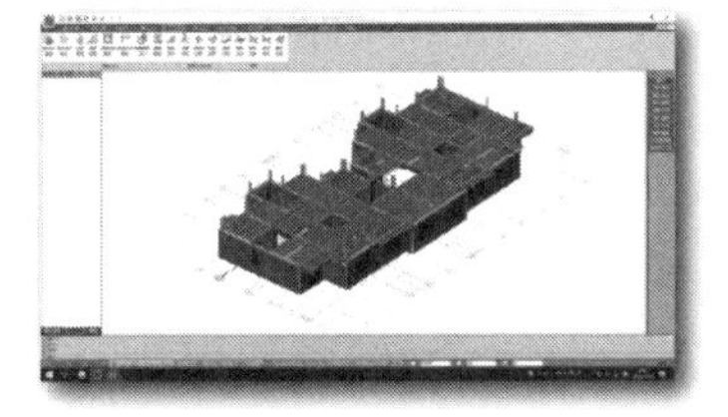

SPCS+PKPM构件自动配筋

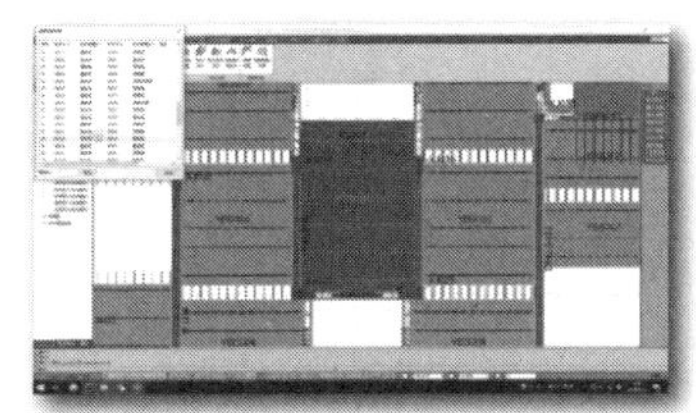

SPCS+PKPM碰撞检查

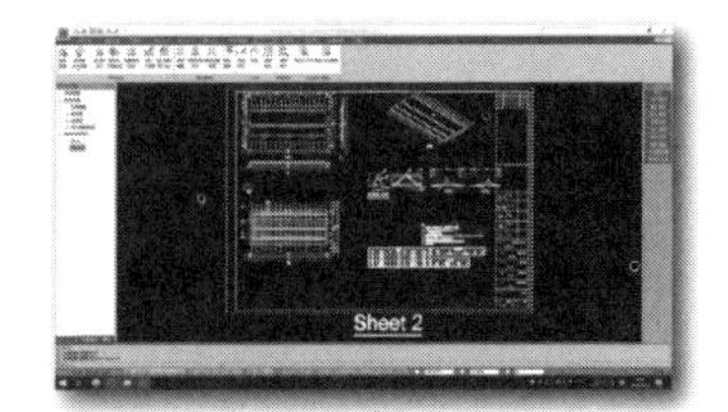

SPCS+PKPM智能出图

图 3-7　SPCS＋PKPM 体系整体设计流程

7）SPCS＋PKPM 软件可将设计 BIM 模型直接导出可用于生产加工数据 U 文件及 JSON 文件，为 SPCS 构件生产管理提供原始数据支持（图 3-8）。其中，JSON 文件对接计划管理平台 SPCP，与项目进度计划关联，可进行构件生产、施工的模拟仿真及构件自动编码，实现一件一码，构件生产、运输、施工的实时跟踪；U 文件对接工厂生产管理软件 SPCI，通过数据解析完成工厂自动化排产、划线、布模、放置钢筋笼、浇筑混凝土，从而实现自动化、智能化作业（图 3-9）。

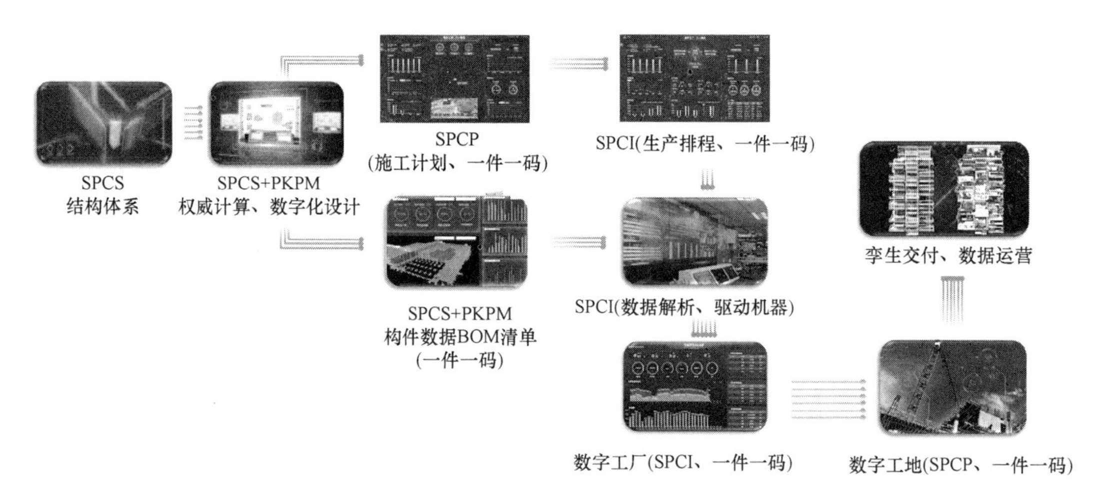

图 3-8　SPCS＋PKPM 数据应用流程图

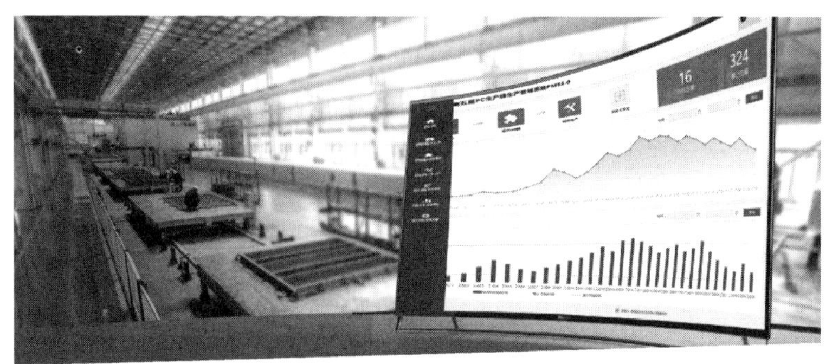

图 3-9　SPCS＋PKPM 数据驱动设备生产

3.1.5 SPCS 体系设计内容

SPCS 体系设计不是按现浇混凝土结构设计完成后，进行延伸与深化的；也绝非结构拆分与预制构件的设计；更不是另起炉灶自成体系，其设计也须按照现浇混凝土结构进行设计计算，以国家现行标准《混凝土结构设计规范》GB 50010、《高层建筑混凝土结构技术规程》JGJ 3 和《建筑抗震设计规范》GB 50011 等结构设计标准为基本依据，但其也有自身的结构特点，有一些不同于现浇混凝土结构的规定，这些特点和规定必须从结构设计一开始就贯彻落实，并贯穿整个结构设计过程，而不是“事后”延伸或深化设计所能解决的。

从结构安全的角度考虑，高层建筑的建筑较高时，在竖向荷载和水平地震作用下，剪力墙墙肢更容易发生塑性损伤。为确保结构在地震作用下具有可靠的抗震性能，SPCS 体系结构设计过程中更应注重结构布置的合理性。同时，结构分析、试验研究和实际震害经验表明，合理设计的联肢墙在水平地震的作用下可以实现较为理想的连梁损伤和破坏模式，从而避免墙肢过早进入塑性状态，并对墙肢的损伤进行有效的控制。通过对大量高层剪力墙结构在罕遇地震作用下的弹塑性分析发现，形成以联肢墙受力为主的剪力墙结构体系，在罕遇地震作用下实现以连梁屈服机制为主的损伤和破坏模式，是改善叠合剪力墙结构抗震性能最为有效的措施之一，SPCS 结构抗震性能化设计过程中，设计人员应对此予以重视。

结构布置的合理化程度直接影响整个建筑体系的最终成本，SPCS 的设计必须本着结构构造简单、工厂加工便利、现场施工快捷的原则进行。

整个设计过程按照先后顺序可分为：结构体系设计、装配方案设计、施工图设计、拆分设计、构件制作图设计等，其主要内容分别如下：

1. 结构设计主要内容

（1）根据建筑功能需要、项目环境条件，选定适宜的结构体系，即确定该建筑是框架结构、框-剪结构、筒体结构还是剪力墙结构。

（2）根据装配式行业标准或体系标准的规定和已经选定的结构体系，确定建筑最大适用高度和最大高宽比。

（3）根据建筑功能需要、项目约束条件（如政府对装配率、预制率的刚性要求）、装配式行业标准或地方标准的规定和所选定的结构体系的特点，确定预制范围，即哪一层、哪一部位、哪些构件预制。

（4）在进行结构分析、荷载与作用组合和结构计算时，根据装配式行业标准或体系标准的要求，将不同于现浇混凝土结构的有关规定，如抗震的有关规定、附加的承载力计算、有关系数的调整等，输入计算过程或程序，体现到结构设计的结果上。

（5）进行结构拆分设计，选定可靠的结构连接方式，进行连接节点和后浇混凝土区的结构构造设计，设计结构构件装配图。

（6）对需要进行局部加强的部位进行结构构造设计。

（7）与建筑专业确定哪些部件实行一体化，对一体化构件进行结构设计。

（8）进行独立预制构件设计，如楼梯板、阳台板、遮阳板等构件。

（9）进行拆分后的预制构件结构设计，需要将建筑、装饰、水暖电等专业的管线、预埋件、预埋物、预留沟槽埋设在预制构件中；连接需要的粗糙面和键槽要求将制作、施工环节需要的预埋件等都无一遗漏地汇集到构件制作图中。

（10）当建筑、结构、保温、装饰进行一体化时，需要在结构图纸上表达其他专业的内容。例如，夹心保温板的结构图纸不仅有结构内容，还要有保温层、窗框、装饰面层、避雷引下线等内容。

（11）对预制构件制作、脱模、翻转、存放、运输、吊装、临时支撑等各个环节进行结构复核，设计相关的构造等。

2. 方案设计

在方案设计阶段，结构设计师需根据SPCS结构的特点和有关规范的规定确定方案。方案设计阶段关于SPCS体系的设计内容包括：

（1）在确定建筑风格、造型、质感时分析判断其影响和实现可能性。例如，采用SPCS的建筑不适宜造型复杂且没有规律性的立面；无法提供连续的无缝建筑表皮。

（2）在确定建筑高度时考虑SPCS最大适用高度的影响。

（3）在确定形体时考虑SPCS对建筑平立面要求的影响。

（4）考虑预制率或装配率的刚性要求。建筑师和结构设计师在方案设计时须考虑实现这些要求的做法。

3. 施工图设计

施工图设计阶段，结构设计涉及SPCS体系的内容包括：

（1）与建筑师确定预制范围，哪一层、哪个部分采用预制构件。

（2）因采用SPCS体系而附加或变化的作用与作用分析。

（3）对构件接缝处水平抗剪能力进行计算。

（4）因采用SPCS体系所需要进行的结构加强或改变。

（5）因采用SPCS体系所需要进行的构造设计。

（6）依据等同原则和规范确定拆分原则。

（7）确定连接方式，进行连接节点设计，选定连接材料。

（8）对夹心保温构件进行拉结节点布置、外页板结构设计和拉结件结构计算，选定拉结件。

（9）对预制构件承载力和变形进行验算。

（10）将建筑和其他专业对预制构件的要求集成到构件制作图中。

4. 结构拆分设计

（1）拆分原则

SPCS 结构拆分是设计的关键环节。拆分基于多方面因素：建筑功能性和艺术性、结构合理性、制作运输安装环节的可行性和便利性等。拆分不仅是技术工作，也包含对约束条件的调查和经济分析。拆分应当由建筑、结构、预算、工厂、运输和安装各个环节技术人员协作完成。

建筑外立面构件拆分以建筑艺术和建筑功能需求为主，同时满足结构、制作、运输、施工条件和成本因素。建筑外立面以外部位结构的拆分，主要从结构的合理性、实现的可能性和成本因素进行考虑。

拆分工作包括：

① 确定现浇与预制的范围、边界。

② 确定结构构件在哪个部位拆分。

③ 确定后浇区与预制构件之间的关系，包括相关预制构件的关系。例如，确定楼盖为叠合板，由于叠合板钢筋需要伸到支座中锚固，支座梁相应地也必须有叠合层。

④ 确定构件之间的拆分位置，如柱、梁、墙、板构件的分缝处。

（2）从结构角度考虑拆分

从结构的合理性考虑，拆分原则如下：

① 结构拆分应考虑结构的合理性。如四边支承的叠合楼板，板块拆分的方向（板缝）应垂直于长边。

② 构件接缝选在应力小的部位。

③ 尽可能统一和减少构件规格。

④ 应当与相邻的相关构件拆分并协调一致。如叠合板的拆分与支座梁的拆分需要协调一致。

（3）制作、运输、安装条件对拆分的限制

从安装效率和便利性考虑，构件尺寸越大效率越高，但必须考虑工厂起重机能力、台模尺寸或构件生产线尺寸、运输限高限宽限重约束、道路路况限制、施工现场塔式起重机或起重机能力限制等。

1）重量限制

① 工厂起重机起重能力（工厂桥式起重机一般为 12～24t）；

② 施工塔式起重机起重能力（施工塔式起重机最大吊装能力一般为 8t 以内，现

浇结构塔式起重机末端一般为1～2t)；

③ 运输车辆限重一般为20～30t。

此外，还需要了解工厂到现场的道路、桥梁的限重要求等。

数量不多的大吨位PC构件可以考虑采用大型汽车起重机吊装，但汽车起重机的起吊高度受到限制。如表3-3所示，给出了工厂及工地常用起重设备对构件重量的限制。

工厂及工地常用起重设备重量限制　　表3-3

环节	设备	型号	可吊构件重量	说明
工厂	桥式起重机	5t	4.2t(ax)	要考虑吊装架及脱模吸附力
		10t	9t(ax)	要考虑吊装架及脱模吸附力
		16t	15t(ax)	要考虑吊装架及脱模吸附力
		20t	19t(ax)	要考虑吊装架及脱模吸附力
工地	塔式起重机	QTZ80(5613)	1.3～8t(ax)	可吊重量与吊臂工作幅度有关，8t工作幅度是在3m处；1.3t工作幅度是在56m处
		QTZ315(S315K16)	3.2～16t(ax)	可吊重量与吊臂工作幅度有关，16t工作幅度是在3.1m处；3.2t工作幅度是在70m处
		QTZ560(S560K25)	7.25～25t(ax)	可吊重量与吊臂工作幅度有关，25t工作幅度是在3.9处；9.5t工作幅度是在60m处

2）尺寸限制

如表3-4所示给出了运输环节对预制部品部件尺寸的限制。

预制部品部件运输限制　　表3-4

情况	限制项目	限制值	部品部件最大尺寸与质量			说明
			普通车	低底盘车	加长车	
正常情况	高度(m)	4	2.8	3	3	
	宽度(m)	2.5	2.5	2.5	2.5	
	长度(m)	13	9.6	13	17.5	
	重量(t)	40	8	25	30	
特殊审批情况	高度(m)	4.5	3.2	3.5	3.5	高度4.5m是从地面算起的总高度
	宽度(m)	3.75	3.75	3.75	3.75	总宽度指货物总宽度
	长度(m)	28	9.6	13	28	总长度指货物总长度
	重量(t)	100	8	46	100	重量指货物总重量

注：本表未考虑桥梁、隧洞、人行天桥、道路转弯半径等条件对运输的限制。

如表 3-4 所示，为普通运输车的运输条件限制，由三一筑工自主研发的 PC 构件运输车（图 3-10），构件运输高度可不受该条件限制，该运输车设计的底盘较低，可以实现自装卸，工厂将构件生产完成后直接放在一个固定的支架上，车到达支架位置后，它的车厢可以下降，下降后，车倒入支架内，再将车厢升起，把构件拉到现场后降低车厢，车驶离构件支架，实现自动卸货。通过同样的方式可将现场的空支架运回工厂，大大减少了预制构件的倒运次数，避免了构件破损，同时也减少了吊装机械的使用次数，从而节约了成本。

图 3-10　三一筑工 PC 构件运输车

除了车辆限制外，还需要调查道路转弯半径、途中隧道或过道电线通信线路的限高等。如表 3-5 所示，给出了工厂模台尺寸对 PC 构件的尺寸限制。

工厂模台尺寸对 PC 构件尺寸限制（m）　　　　**表 3-5**

工艺	限制项目	常规模台尺寸	构件最大尺寸	说明
固定模台	长度	12	11.5	主要考虑生产框架体系的梁，也有 14m 长的，但比较少
	宽度	4	3.7	更宽的模台要求订制更大尺寸的钢板，不易实现，且费用高
	允许高度	—	没有限制	如立式浇筑的柱子可以做到 4m 高，窄高型的模具要特别考虑模具的稳定性，并进行倾覆力矩的验算
流水线	长度	9	8.5	模台越长，流水作业节拍越慢
	宽度	3.5	3.2	模台越宽，厂房跨度越大
	允许高度	0.4	0.4	受养护窑层高的限制

注：表中数据可作为设计大多数构件时的参考，如果有个别构件超过此表的最大尺寸，可以采用独立模具或其他模具制作。但构件规格还要受吊装能力、运输规定的限制。

3）形状限制

一维线性构件和二维平面构件比较容易制作和运输，三维立体构件制作和运输程序较多。

（4）构件制作图

1）预制制作图设计内容

预制构件设计须汇集建筑、结构、装饰、水电暖、设备等各个专业和制作、堆放、运输、安装各个环节对预制构件的全部要求，在构件制作图上无遗漏地表示出来。

2）制作、堆放、运输、安装环节的结构与构造设计

与现浇混凝土结构不同，SPCS结构预制构件需要对构件制作环节的脱模、翻转、堆放以及运输环节的装卸、支承，安装环节的吊装、定位、临时支承等进行荷载分析，并进行承载力与变形的验算。还需要设计吊点、支承点位置，进行吊点结构与构造设计。这部分工作需要对原有结构设计计算过程进行了解，必须由结构设计师设计进行或在结构设计师的指导下进行。

对制作、运输和堆放、安装等短暂设计状况下的预制构件验算，应符合现行国家标准《混凝土结构工程施工规范》GB 50666的有关规定。制作施工环节结构与构造设计的内容包括：

① 脱模吊点位置设计、结构计算与设计。

② 翻转吊点位置设计、结构计算与设计。

③ 吊运验算及吊点设计。

④ 堆放支承点位置设计及验算。

⑤ 易开裂敞口构件运输拉杆设计。

⑥ 运输支撑点位置设计。

⑦ 安装定位装置设计。

⑧ 安装临时支撑设计等。

3）设计调整

在构件制作图设计过程中，可能遇到需要对原设计进行调整的情况，例如：

① 预埋件、埋设物设计位置与钢筋“打架”，距离过近，影响混凝土浇筑和振捣时，需要对设计进行调整，或移动预埋件位置；或调整钢筋间距。

② 造型设计有无法脱模或不易脱模的地方。

③ 构件拆分导致无法安装或安装困难的设计。

④ 后浇区空间过小导致施工不便。

⑤ 当钢筋保护层厚度大于50mm时，需要采取加钢筋网片等防裂措施。

⑥ 当预埋螺母或螺栓附近没有钢筋时，须在预埋件附近增加钢丝网或玻纤网防止出现裂缝。

⑦ 对于跨度较大的楼板或梁，确定制作时是否需要做成反拱。

（5）“一图通”原则

所谓“一图通”，就是对每种构件提供该构件完整齐全的图纸，避免工厂技术人员从不同图纸去寻找汇集构件信息，以保障操作方便，不出错。

例如，一个构件在结构体系中的位置可以从平面拆分图中查到，但是按照“一图通”原则，该构件在平面中的位置应在构件图中进行标识。

“一图通”原则对设计者而言不是简单的复制，其为制作工厂提供了极大的便利，也避免了因遗漏和错误导致无法补救的损失。

之所以强调“一图通”，是因为一些 PC 工厂的技术员由于不熟悉施工图纸，故而容易遗漏。

把所有设计要求都反映到构件制作图上，并尽可能实行“一图通”，是保证不出错误的关键原则。汇集过程也是复核设计的过程。

每种构件的设计，任何细微差别都应当标示出来，要做到一类构件一个编号。

3.2 材料

3.2.1 混凝土

（1）预制空腔墙、地下室预制空腔外墙、预制空腔柱、叠合梁、叠合楼板的预制部分及其他预制构件的混凝土强度等级不应低于 C30，竖向预制空腔构件后浇混凝土的强度等级不宜低于 C30，且不宜高于 C50。水平预制空腔构件后浇混凝土强度等级不应低于 C25。

（2）预制空腔墙、柱构件的空腔宽度小于 150mm 时，后浇混凝土宜采用自密实混凝土，也可采用普通混凝土，自密实混凝土应符合现行行业标准《自密实混凝土应用技术规程》JGJ/T 283 的有关规定；当采用普通混凝土时，混凝土粗骨料最大粒径不应大于空腔厚度的 1/4 和钢筋最小净间距的 3/4，且不宜大于 20mm，并宜通过现场的工艺试验确定混凝土工作性能要求及施工方法。

3.2.2 钢筋、钢材及连接材料

（1）钢筋的选用应符合现行国家标准《混凝土结构设计规范》GB 50010 的有关规定。梁、柱纵向受力钢筋应选用不低于 400MPa 级的热轧钢筋；墙钢筋宜选用不低于 400MPa 级的热轧钢筋；板钢筋宜选用不低于 400MPa 级的热轧钢筋，也可采用 CRB550 及 CRB600H 冷轧带肋钢筋，其性能应满足现行行业标准《冷轧带肋钢筋混凝土结构技术规程》JGJ 95 的有关要求。

（2）预制构件中的钢筋应优先采用钢筋焊接网的形式，钢筋焊接网除了应符

合现行行业标准《钢筋焊接网混凝土结构技术规程》JGJ 114的规定，尚应符合下列规定：

1）网片中钢筋对接焊接时，连接节点应满足等强要求。

2）用于叠合梁箍筋的焊接网片，上下端采用钢筋垂直焊接连接时，连接点应满足等强要求，如图3-11（*a*）所示。

3）用于预制空腔柱箍筋的焊接网片，外围采用钢筋垂直焊接连接时，连接点应满足等强要求，如图3-11（*b*）所示。

4）兼做墙体约束边缘构件的焊接网片，约束边缘构件范围内的钢筋垂直焊接连接，连接点应满足等强要求，如图3-11（*c*）所示。

5）兼做墙体构造边缘构件的焊接网片，靠近墙肢端部角点处钢筋的垂直焊接连接，连接点应满足等强要求，如图3-11（*d*）所示。

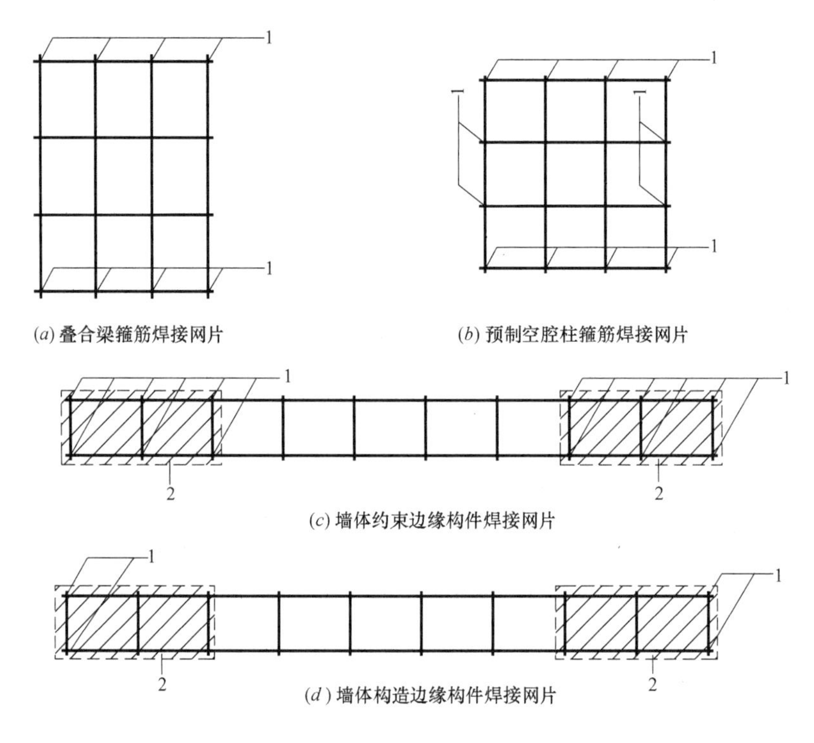

图3-11　焊接网片需采用等强连接的位置

1—采用等强连接的焊点；2—边缘构件范围

（3）成型钢筋笼应具有一定刚度，并应在预制构件内可靠锚固。

（4）成型钢筋笼应符合下列规定：

1）成型钢筋笼中的钢筋焊接网片应位于最外侧。

2）梯子形网片的间距宜取100的整倍数，局部可采用50的整倍数。

3.2.3　预埋件及连接件

（1）受力预埋件的锚板及锚筋材料应符合现行国家标准《混凝土结构设计规范》GB 50010 的有关规定。专用预埋件及连接件材料应符合国家现行有关标准的规定。

（2）预制构件的吊环应采用未经冷加工的 HPB300 级钢筋或 Q235B 圆钢制作。预制构件脱模、翻转、吊装及临时支撑用内埋式螺母或内埋式吊杆及配套吊具应符合国家现行相关标准的规定。

（3）SPCS 体系柱纵筋一般选用机械连接或搭接，机械连接套筒与钢筋连接方式包括螺纹连接和挤压连接。根据经验，采用螺纹连接效率较高。套筒可采用专用连接件，连接件性能应符合《钢筋机械连接技术规程》JGJ 107—2010 的规定。

（4）预埋件和连接件等外露金属件应按不同环境类别及该工况持续时间采取相应的封闭或防腐、防锈、防火处理措施，并应符合相关耐久性要求。

3.2.4　保温、防水材料

（1）外墙保温系统所用的保温材料应符合现行国家和行业相关标准的规定。

（2）外墙板接缝所用的防水密封胶应选用耐候性密封胶，密封胶应与混凝土具有相容性，并具有低温柔性、防霉性、防水性及耐水性等性能。其最大变形量、剪切变形性能等均应满足设计要求。其他性能应满足现行行业标准《混凝土接缝用建筑密封胶》JC/T 881 的规定。当选用硅酮类密封胶时，应满足现行国家标准《硅酮和改性硅酮建筑密封胶》GB/T 14683 的要求。

（3）外墙板接缝处密封胶的背衬材料宜选用聚乙烯塑料棒或发泡氯丁橡胶，直径应不小于缝宽的 1.5 倍。

（4）由于建筑存在强风地震引起的层间位移、热胀冷缩引起的伸缩位移、干燥收缩引起的干缩位移和地基沉降引起的沉降位移等，对密封胶的受力要求非常高，所以密封胶必须具备良好的位移能力、弹性回复率、压缩率。在外挂板、预制夹心保温外页板的拼缝间密封胶的使用尤其应结合结构的变形需要进行合理选用，所选密封胶应能适应结构的变形要求，不会因为密封胶压缩率不足导致 PC 构件间产生挤压破坏。

1）外墙板接缝密封胶与混凝土应具有相容性，以及规定的抗剪切和伸缩变形能力，防霉、防水、防火、耐候等性能；硅酮、聚氨酯、聚硫建筑密封胶应分别符合国家现行标准《硅酮和改性硅酮建筑密封胶》GB/T 14683、《聚氨酯建筑密封胶》JC/T 482、《聚硫建筑密封胶》JC/T 483 的规定以及《装配式混凝土结构技术规程》JGJ 1—2014 第 4.3.1 条。

2）外墙板接缝宜采用材料防水和构造防水相结合的做法，并符合《装配式混凝土结构技术规程》JGJ 1—2014 的规定。

① 与混凝土的粘结性要求

混凝土属于碱性材料，普通密封胶很难粘结，且混凝土表面疏松多孔，导致有效粘结面积减小，所以要求密封胶与混凝土要有足够强的粘结力；此外，在南方多雨地区，还可能出现混凝土的反碱现象，会对密封胶的粘结界面造成严重破坏。所以，混凝土的粘结性是选择装配式建筑用胶时优先考虑的第一要素。单组分改性硅烷密封胶和聚氨酯密封胶对混凝土的粘结性较好，双组分改性硅烷密封胶必须使用配套底涂液才能形成有效粘结，而传统硅酮胶对混凝土的粘结性较差。

② 抗变形能力要求

目前，国内的装配式建筑接缝宽度一般设计为 20mm，而接缝处的变形主要来自PC 构件的热胀冷缩，因此可根据接缝宽度计算选择合适位移级别的密封胶。当建筑接缝因地震或材料干燥收缩出现永久变形时，会对密封胶产生持续性的应力，而改性硅烷密封胶既具有优异的弹性，又具有应力缓和能力，在发生永久变形时，可最大限度地释放预应力，保证密封胶不被破坏。

③ 接缝密封胶选用

密封胶应严格按照规范要求选用，需要强调的是：

a. 密封胶必须是适于混凝土的类型；

b. 密封胶除了密封性能好、耐久性好外，还应当有较好的弹性和高压缩率；

c. 配套使用止水橡胶条时，止水橡胶条必须是空心的，除了密封性能好、耐久性好外，还应当有较好的弹性和高压缩率。

④ S 密封胶

日本装配式建筑预制外墙板接缝常用的密封材料是 S 密封胶，S 密封胶是以“S Polyer”为原料生产出来的胶粘剂的统称。“S Polyer”是一种液态状的树脂，在 1972 年由日本 KANEKA 发明，S 建筑密封胶性能符合各项国内标准，详情如表 3-6 所示。

a. 对混凝土、PCa 表面以及金属都有着良好的粘结性；

b. 可以长期保持材料性能不受影响；

c. 在低温条件下有着非常优越的操作施工性；

d. 能够长期维持弹性（橡胶的自身性能）；

e. 发挥对环境稳定的固化性能；

f. 耐污染性好；

g. S 密封胶对地震以及部件带来的活动所造成的位移能够长期保持其追随性（应力缓和等）。

S建筑密封胶性能 **表3-6**

项目		技术指标(25LM)	典型值
下垂度(N型)(mm)	垂直	≤3	0
	水平	≤3	0
弹性恢复率(%)		≥80	91
拉伸模量(MPa)	23℃	≤0.4	0.23
	−20℃	≤0.6	0.26
定伸粘结性		无破坏	合格
浸水后定伸粘结性		无破坏	合格
热压、冷压后粘结性		无破坏	合格
质量损失(%)		≤10	3.5

3.2.5 其他材料

1. 室内装修材料

SPCS建筑采用的室内装修材料应符合现行国家标准《民用建筑工程室内环境污染控制标准》GB 50325和《建筑内部装修设计防火规范》GB 50222的相关规定。

2. 砂浆材料

SPCS所用砂浆材料应符合现行国家标准《混凝土结构工程施工规范》GB 50666中的相关规定，预制构件接缝处宜采用聚合物改性水泥砂浆填缝。

3. 坐浆料

在预制墙板底部拼缝位置，常使用坐浆料进行分仓；多层预制剪力墙底部采用坐浆料时，其厚度不宜大于20mm。坐浆料也应有良好的流动性、早强、无收缩微膨胀等性能，应符合现行国家标准《水泥基灌浆材料应用技术规范》GB/T 50448的有关规定。采用坐浆料分仓或作为灌浆层封堵料时，不应降低结合面的承载力设计要求，考虑到二次结合面带来的削弱因素，坐浆料的强度等级应高于预制构件的强度等级；预制构件坐浆料结合面应按构件类型粗糙面所规定的要求进行粗糙面的处理。

工程上常用坐浆料的性能指标如表3-7所示。

坐浆料性能指标 表3-7

项目		性能指标	试验方法标准
泌水率(%)		0	《普通混凝土拌合物性能试验方法标准》GB/T 50080
流动度(mm)	初始值	≥290	《水泥基灌浆材料应用技术规范》GB/T 50448
	30min保留值	≥260	
竖向膨胀率(%)	3h	≥0.1～3.5	
	24h与3h的膨胀率之差	0.02～0.5	
抗压强度(Pa)	1d	≥20	
	3d	≥40	
	28d	≥60	
最大氯离子含量(%)		≤0.1	《混凝土外加剂匀质性试验方法》GB/T 8077

3.3 结构设计基本规定

(1) SPCS混凝土结构的设计应符合国家现行标准《混凝土结构设计规范》GB 50010、《建筑抗震设计规范》GB 50011、《装配式混凝土建筑技术标准》GB/T 51231和《装配式混凝土结构技术规程》JGJ 1、《高层建筑混凝土结构技术规程》JGJ 3等的有关规定。

(2) SPCS混凝土结构的抗震设计，应根据设防类别、烈度、结构类型和房屋高度采用不同的抗震等级，并应符合相应的计算和构造措施要求。

(3) 抗震设计的SPCS混凝土结构，当其房屋高度超过限值时，可按现行国家标准《建筑抗震设计规范》GB 50011和行业标准《高层建筑混凝土结构技术规程》JGJ 3规定的结构抗震性能设计方法进行补充分析和论证。

(4) SPCS结构竖向布置应连续、均匀，避免抗侧力结构的侧向刚度和承载力沿竖向突变，平面形状宜简单、规则、对称，质量、刚度分布宜均匀。

(5) SPCS混凝土结构应符合下列规定：

① 设置地下室时，地下室宜采用现浇混凝土。

② 当采用框支结构时，转换梁、框支柱、框支剪力墙宜采用现浇混凝土。

③ 在多遇地震作用下，SPCS 剪力墙结构水平接缝处不宜出现拉力。

3.4　作用及作用组合

(1) SPCS 混凝土结构的荷载及荷载组合应根据国家现行标准《建筑结构荷载规范》GB 50009、《建筑抗震设计规范》GB 50011、《高层建筑混凝土结构技术规程》JGJ 3 和《混凝土结构工程施工规范》GB 50666 等确定。

(2) 预制构件在进行翻转、吊装、运输、安装等施工验算时，应将构件自重标准值乘以动力系数后作为等效静力荷载标准值。构件运输、吊运时，动力系数根据实际情况确定，并不宜小于 1.5；构件翻转及安装过程中就位、临时固定时，动力系数可取 1.2。

(3) 预制构件进行脱模验算时，等效静力荷载标准值应取构件自重标准值乘以动力系数与脱模吸附力之和，且不宜小于构件自重标准值的 1.5 倍。动力系数与脱模吸附力应符合下列规定：

① 动力系数不宜小于 1.2；

② 脱模吸附力应根据构件和模具的实际状况取用，且不宜小于 $1.5kN/m^2$。

(4) 进行叠合楼板后浇混凝土施工阶段验算时，叠合楼板的施工活荷载取值应考虑实际施工情况，且不宜小于 $1.5kN/m^2$。

(5) 在预制墙板空腔中浇筑混凝土时，应验算混凝土浇筑阶段预制墙板的施工稳定性，混凝土对预制墙板的作用应乘以 1.2 的动力系数作为标准值。预制墙板的承载力及裂缝验算应满足现行国家标准《混凝土结构设计规范》GB 50010、《混凝土结构工程施工规范》GB 50666 等规范要求。

3.5　结构分析

(1) 在各种设计状况下，SPCS 混凝土结构可采用与现浇混凝土结构相同的方法进行结构分析。

(2) SPCS 混凝土结构承载能力极限状态及正常使用极限状态的作用效应分析可采用弹性方法。

(3) 在进行结构内力和位移计算时，对现浇楼盖和叠合楼盖，均可假定楼盖在其自身平面内为无限刚性；楼面梁的刚度可计入翼缘作用予以放大，梁刚度放大系数可根据翼缘情况近似取值为 1.3～2.0。

3.6 预制构件设计

（1）预制构件的设计应符合下列规定：

① 对持久设计状况，应对预制构件进行承载力、变形、裂缝控制验算；

② 对地震设计状况，应对预制构件进行承载力验算；

③ 对制作、运输和堆放、安装等短暂设计工况下的预制构件验算，应符合现行国家标准《混凝土结构工程施工规范》GB 50666 的有关规定。

（2）当 SPCS 剪力墙结构的外围护采用预制保温墙体时，应作为自承重构件按围护结构进行设计，不应考虑分担主体结构所承受的荷载和作用。

（3）预制板式楼梯的梯段板底应配置通长的纵向钢筋。板面宜配置通长的纵向钢筋；当楼梯两端均不能滑动时，板面应配置通长的纵向钢筋。

（4）用于固定连接件的预埋件与预埋吊件、临时支撑用预埋件不宜兼用；当兼用时，应同时满足各种设计工况要求。预制构件中预埋件的验算应符合现行国家标准《混凝土结构设计规范》GB 50010、《钢结构设计标准》GB 50017 和《混凝土结构工程施工规范》GB 50666 等有关规定。

（5）预制构件中外露预埋件凹入构件表面的深度不宜小于 10mm。

（6）机电设备预埋管线和线盒、制作和安装施工用预埋件、预留孔洞等应统筹设置，对构件结构性能的削弱应采取必要的加强措施。

（7）外挂墙板的设计应符合现行行业标准《装配式混凝土结构技术规程》JGJ 1 的相关规定。

（8）预埋件设计

这里所说的预埋件是指预埋钢板和附带螺栓的预埋钢板。预埋钢板也叫锚板，焊接在锚板上的锚固钢筋为锚筋，如图 3-12 所示。

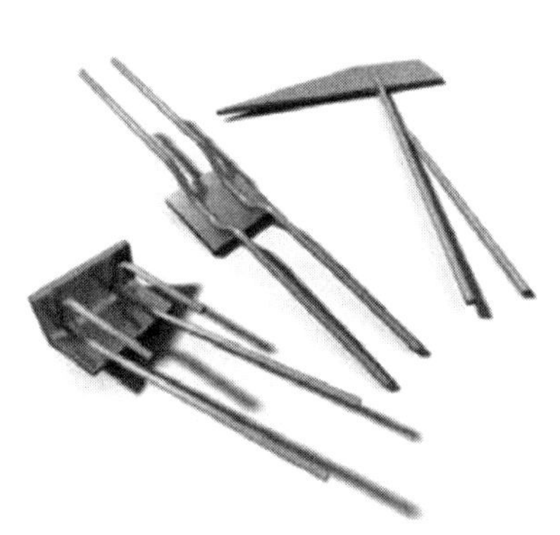

图 3-12 预埋件

① 设计依据

预埋件设计应符合现行行业标准《装配式混凝土结构技术规程》JGJ 1、现行国家标准《混凝土结构设计规范》GB 50010 和《钢结构设计标准》GB 50017 等有关规定。

② 关于预埋件兼用

现行行业标准《装配式混凝土结构技术规程》JGJ 1 要求：用于固定连接件的预埋件与预埋吊件、临时支撑用预埋件不宜兼用；当兼用时，应同时满足各种设计工况要求。

③ 锚板

受力预埋件的锚板宜采用 Q235、Q345 级钢，锚板厚度应根据受力情况计算确定，且不宜小于锚筋直径的 60%。

④ 锚筋

受力预埋件的锚筋应采用 HRB400 或 HPB300 钢筋，不应采用冷加工钢筋。

⑤ 锚板与锚筋的焊接

直锚筋与锚板应采用 T 形焊接。当锚筋直径不大于 20mm 时宜采用压力埋弧焊；当锚筋直径大于 20mm 时以采用穿孔塞焊。

⑥ 带螺栓的预埋件

附带螺栓的预埋件有两种组合方式。第一种是在锚板表面焊接螺栓；第二种是螺栓从钢板内侧穿出，在内侧与钢板焊接，如图 3-13 所示。第二种方法在日本应用较多。

图 3-13　附带螺栓的预埋钢板

现行国家标准《混凝土结构设计规范》GB 50010 中要求：预制构件宜采用内埋式螺母和内埋式吊杆等。

内埋式螺母对 PC 构件而言确实有优点，制作时模具不用穿孔，运输、堆放、安装过程不会被挂碰等。内埋式螺母由专业厂家制作，其在混凝土中的锚固可靠性由试验确定：内埋式螺母所对应的螺栓在荷载的作用下发生破坏，但螺母不会被拔出或周围混凝土不会被破坏。

内埋式螺母设计主要是选择可靠的产品，并要求 PC 厂家在使用前进行试验。预制构件中内埋式螺母附近没有钢筋时，构件脱模后有可能在螺母处出现裂缝，这是由混凝土收缩或因温度变化较快在螺母附近形成的应力集中而造成的，为了预防这种情况，可在内埋式螺母附近增加构造钢筋或钢筋网，如图 3-14 所示。

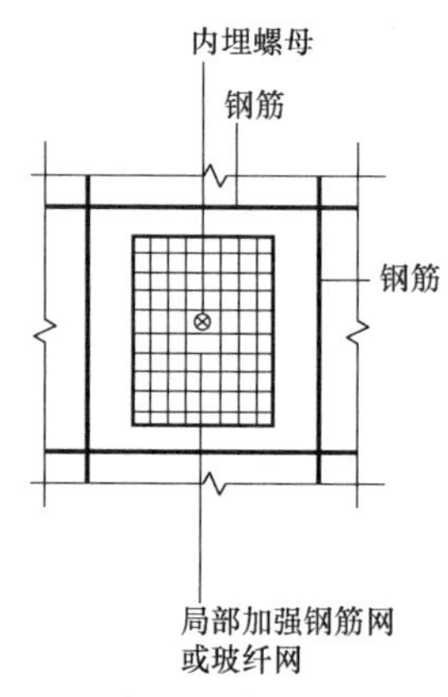

图 3-14　内埋式螺母增加钢筋网

3.7　连接设计

（1）SPCS 混凝土结构的连接节点构造应受力明确、传力可靠、施工方便、质量可控，满足结构的承载力、延性和耐久性要求。预制构件的拼接部位宜设置在构件受力较小的部位。预制构件的连接方式应保证节点的破坏不先于连接的构件。

（2）SPCS 混凝土结构中，接缝的正截面承载力应符合现行国家标准《混凝土结构设计规范》GB 50010 的规定。

（3）节点及接缝处的纵向钢筋宜根据受力特点选用机械连接、绑扎搭接连接、焊接连接等连接方式；当采用机械连接时，接头应满足现行行业标准《钢筋机械连接技术规程》JGJ 107 中Ⅰ级接头的性能要求，并应符合国家现行有关标准的规定。

（4）预制构件与后浇混凝土、坐浆材料的结合面应设置粗糙面、键槽。

（5）预制构件纵向钢筋宜在后浇混凝土内直线锚固；当直线锚固长度不足时，可采用弯折、机械锚固方式，并应符合现行国家标准《混凝土结构设计规范》GB 50010 和《钢筋锚固板应用技术规程》JGJ 256 的规定。

（6）应对连接件、焊缝、螺栓或铆钉等紧固件在不同设计状况下的承载力进行验算，并应符合现行国家标准《钢结构设计标准》GB 50017 和《钢结构焊接规范》

GB 50661 等的规定。

（7）预制楼梯与支承构件之间宜采用简支连接。采用简支连接时，应符合下列规定：

① 预制楼梯宜一端设置固定铰，另一端设置滑动铰，其转动及滑动变形能力应满足结构层间位移的要求；

② 预制楼梯设置滑动铰的端部应采取防止滑落的构造措施。

3.8　楼盖设计

（1）叠合结构宜采用叠合楼盖。叠合板的预制板可采用桁架钢筋混凝土预制板、预应力混凝土预制板、空心混凝土预制板等形式。

（2）叠合板应按现行国家标准《混凝土结构设计规范》GB 50010 的有关规定进行设计，并应符合下列规定：

① 叠合板的预制板厚度不宜小于 60mm，后浇混凝土叠合层厚度不应小于 60mm；

② 跨度大于 3m 的叠合板，宜采用桁架钢筋混凝土预制板；

③ 跨度大于 6m 的叠合板，宜采用预应力混凝土预制板；

④ 板厚大于 180mm 的叠合板，宜采用空心混凝土预制板。

（3）桁架钢筋混凝土叠合板的构造应符合国家现行标准《装配式混凝土建筑技术标准》GB/T 51231 及《装配式混凝土结构技术规程》JGJ 1 的有关规定。桁架钢筋混凝土预制板内钢筋宜采用钢筋焊接网，其间距宜以 50mm 为模数。

（4）阳台板、空调板宜采用预制空腔构件或预制构件。预制构件应与主体结构可靠连接；预制空腔构件的负弯矩钢筋应在相邻叠合板的后浇混凝土中可靠锚固。

（5）叠合梁宜采用成型钢筋笼，截面边长宜以 50mm 为模数，构件尺寸应符合下列规定：

① 矩形叠合梁，如图 3-15（*a*）所示，截面宽度不宜小于 200mm，截面总高度不宜小于 400mm，预制部分高度不宜小于 200mm；预制部分与后浇部分之间的结合面应设置粗糙面，粗糙面凹凸深度不宜小于 4mm。

② 凹口叠合梁，如图 3-15（*b*）所示，截面宽度不宜小于 200mm，截面总高度不宜小于 400mm，预制部分高度不宜小于 200mm；凹口深度不宜小于 50mm，凹口边厚度不宜小于 60mm。

③ U 形叠合梁，如图 3-15（*c*）所示，截面宽度不宜小于 300mm，预制部分厚度不宜小于 50mm。

④ 双皮叠合梁，如图 3-15（*d*）所示，截面宽度不宜小于 200mm，预制部分厚度

不宜小于 50mm。

⑤ 叠合框架梁的后浇混凝土叠合层厚度不宜小于 150mm，叠合次梁的后浇混凝土叠合层厚度不宜小于 120mm。

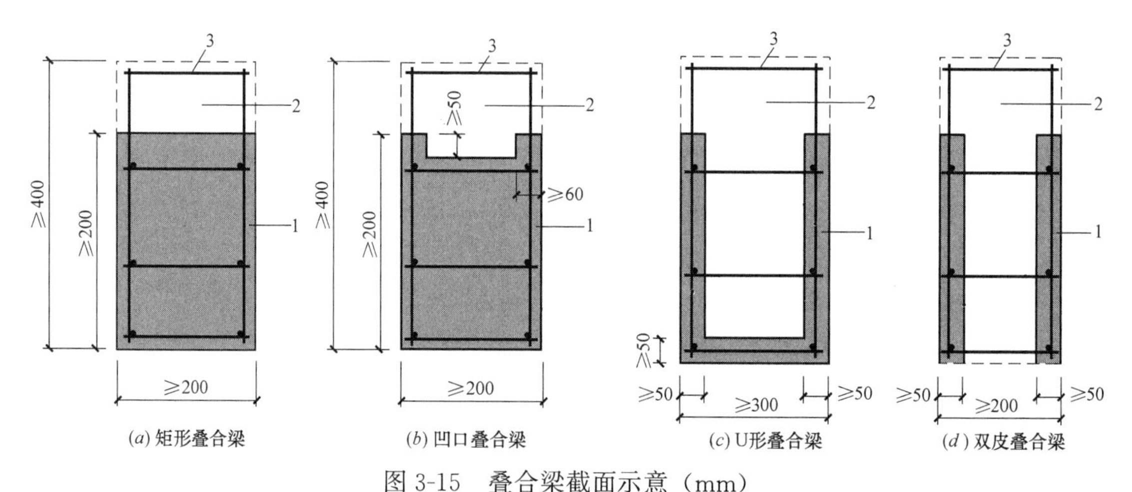

图 3-15　叠合梁截面示意（mm）

1—预制部分；2—后浇部分；3—成型钢筋笼

(6) 叠合梁开洞时，洞口宜设置于梁跨中 1/3 区段，洞口高度不应大于 1/3 梁高，洞口上边距叠合梁预制部分顶面不宜小于 50mm，洞口上、下边距叠合梁顶、梁底不宜小于 200mm；开洞较大时应进行施工阶段及使用阶段承载力及裂缝验算；梁上洞口周边应配置附加纵向钢筋和附加箍筋（图 3-16），并应符合计算及构造要求。

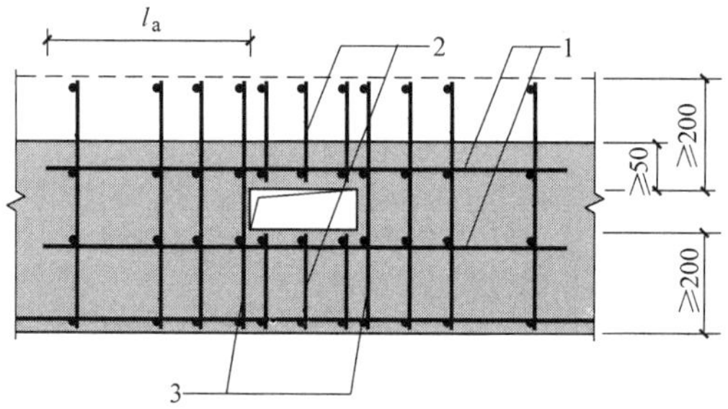

图 3-16　叠合梁洞口周边配筋构造示意（mm）

1— 洞口上、下附加纵向钢筋；2—洞口上、下附加箍筋网片；3—洞口两侧附加箍筋网片

3.9　地下室叠合外墙设计

(1) 地下室叠合墙适用于普通地下室剪力墙及上部无剪力墙的地下室外墙。

(2) 地下室叠合剪力墙应满足现行行业标准《装配式混凝土结构技术规程》JGJ 1 第 6 章的相关要求。

（3）地下室叠合外墙宜按以上下层结构板为支座、沿竖直方向布置的单向受弯构件进行设计。当外墙不满足上述要求时，应按实际受力条件计算并采取相应的构造措施。

（4）地下室叠合外墙设计应符合下列规定：

1）地下室叠合外墙总厚度 b_w 不应小于 250mm，不宜小于 300mm。每侧预制墙板厚度均不宜小于 60mm，后浇筑混凝土空腔厚度不宜小于 120mm；预制墙板内壁应设置粗糙面，也可设置键槽或设置抗滑移钢筋。设置粗糙面时，粗糙面凹凸深度不应小于 4mm 且面积不宜小于接合面的 80%。设置键槽时，键槽深度 t 不宜小于 20mm，宽度 w 不宜小于深度的 3 倍且不宜大于深度的 10 倍，键槽间距宜等于键槽宽度，键槽端部斜面倾角不宜大于 30°，键槽应垂直于地下室叠合外墙主受力方向通长设置。

2）地下室叠合外墙混凝土强度、配合比、抗渗等级及保护层厚度应符合现行国家标准《混凝土结构设计规范》GB 50010 的有关规定。

3）地下室叠合外墙受力钢筋配筋率应符合现行国家标准《混凝土结构设计规范》GB 50010 中受弯构件的最小配筋率要求。

4）地下室叠合外墙墙体拉结筋间距不宜大于 400mm，直径不应小于 6mm。

（5）地下室叠合外墙应结合地下室平面布置、构件加工、现场施工等因素，综合确定适宜的预制墙板尺寸和墙板拼缝位置，并宜采用大尺寸墙板构件。

（6）地下室叠合外墙墙板接缝处应采取可靠的防水构造措施，并应符合现行国家标准《地下工程防水技术规范》GB 50108 的有关规定。

3.10　SPCS 预制空腔墙结构体系设计

3.10.1　一般规定

（1）预制空腔墙结构体系两个主轴方向的抗侧刚度不宜相差过大，剪力墙应形成明确的墙肢和连梁，其布置应符合下列规定：

① 平面布置宜简单、规则，不应采用仅单向有墙的结构布置；

② 宜自下到上连续布置，避免刚度突变；

③ 门窗洞口宜上下对齐、成列布置，洞口两侧墙肢宽度不宜相差过大；抗震等级为一、二、三级剪力墙的底部加强部位不应采用上下洞口不对齐的错洞墙，全高均不宜采用洞口局部重叠的叠合错洞墙。

（2）高层建筑预制空腔墙结构体系底部加强部位的墙体宜采用现浇混凝土，当建筑结构的高宽比满足现行行业标准《高层建筑混凝土结构技术规程》JGJ 3 的有关要求时，底部加强部位的剪力墙也可采用预制空腔墙。

（3）高层建筑的预制空腔墙及夹心保温预制空腔墙承重部分的墙肢厚度不宜小

于200mm。

（4）预制空腔墙之间的连接钢筋宜在后浇混凝土内直线锚固或弯折锚固，并应符合现行国家标准《混凝土结构设计规范》GB 50010的有关规定。

（5）预制空腔墙洞口及其补强措施应满足现行行业标准《装配式混凝土结构技术规程》JGJ 1的有关要求，且补强钢筋宜与同方向墙体网片筋平行布置（图3-17）。

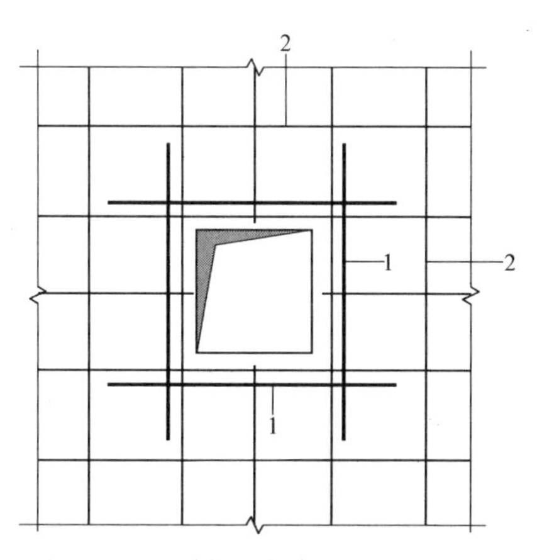

图3-17　预制空腔墙洞口补强钢筋

1—洞口补强钢筋；2—墙体钢筋

（6）含门窗洞口的预制空腔墙构件及预制夹心保温预制空腔墙构件应符合下列规定：

① 洞口上方边距 b_2、洞口至墙板侧边距 a_1 均不宜小于250mm；

② 窗下墙预制时，洞口至墙板底边高度 b_1 不宜小于250mm；

③ 洞口四周墙板内应设置至少两排与洞边平行的水平或竖向钢筋（图3-18）。

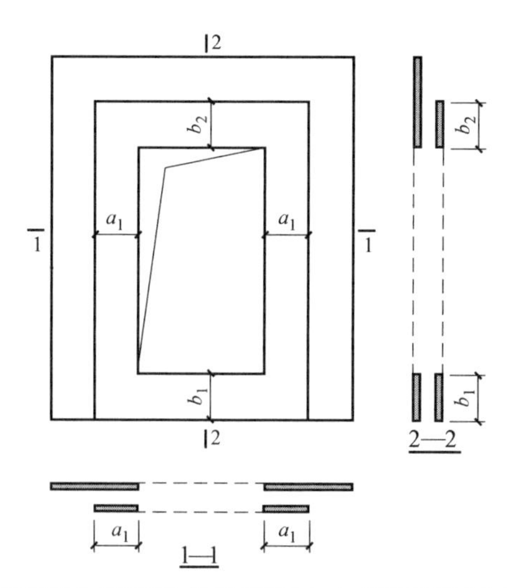

图3-18　带窗洞口预制空腔墙构件及预制夹心保温预制空腔墙构件尺寸构造

a_1—洞口至墙板侧边距；b_1—洞口至墙板底边高度；b_2—洞口上方边距

(7) 预制空腔墙构件及预制夹心保温预制空腔墙构件单侧板厚不应小于50mm，空腔宽度t不应小于100mm，预制夹心保温预制空腔墙构件外页板厚度不应小于50mm（图3-19）。

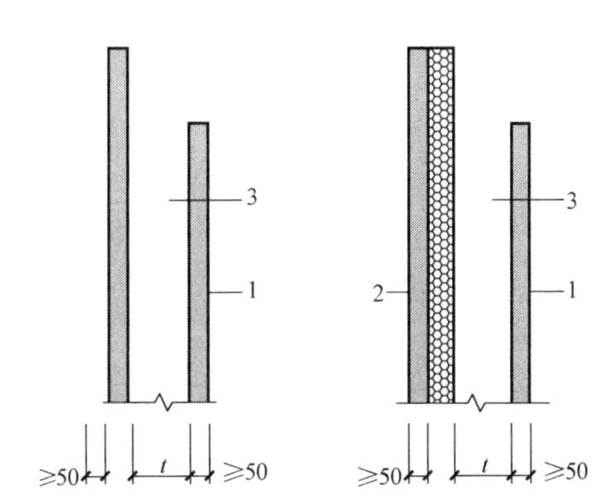

图3-19 预制空腔墙构件及预制夹心保温预制空腔墙构件厚度构造（mm）

1—预制空腔墙构件、预制夹心保温预制空腔墙构件单侧板；

2—预制夹心保温预制空腔墙构件外页板；3—空腔；t—空腔宽度

(8) 预制空腔墙宜采用整体成型钢筋笼（图3-20），钢筋笼内梯子形网片纵向钢筋、水平横筋分别满足墙体水平分布钢筋及拉筋的要求，并应符合下列规定：

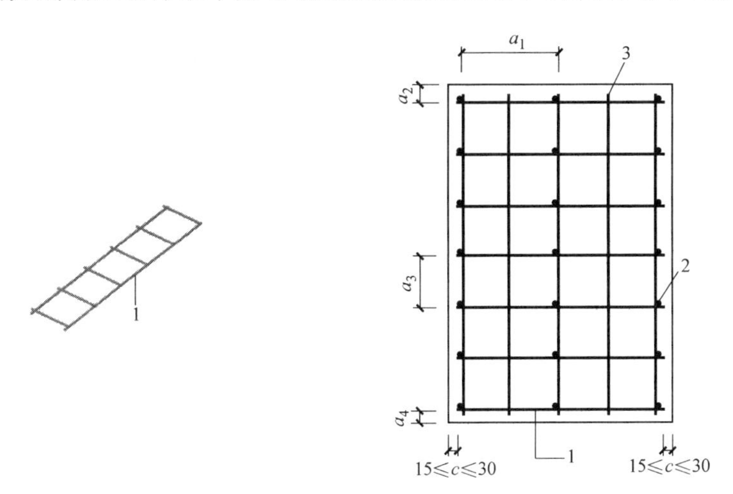

图3-20 预制空腔墙钢筋构造（mm）

1—梯子形网片；2—水平横筋；3—墙体竖向钢筋；c—梯子形网片端头保护层厚度；

a_1—梯子形网片水平横筋间距；a_2—梯子形网片至墙顶端距离；a_3—梯子形网片间距；

a_4—梯子形网片至墙底端距离

① 墙体竖向钢筋应置于梯子形网片纵筋内侧；

② 墙体最下层梯子形网片至墙底端距离a_4不宜大于30mm，最上层梯子形网片至墙顶端距离a_2不宜大于100mm，且应满足钢筋保护层厚度要求；

③ 沿墙长方向梯子形网片钢筋端头保护层厚度 c 不应小于 15mm，且不宜大于 30mm；

④ 梯子形网片之间的竖向间距 a_3 不宜大于 200mm；

⑤ 预制空腔墙上下层连接钢筋保护层厚度不大于 $5d$ 时，连接钢筋高度范围内，梯子形网片的间距不应大于 $10d$，且不应大于 100mm，d 为连接钢筋直径；

⑥ 梯子形网片水平横筋直径不宜小于 6mm，间距 a_1 不宜大于 600mm。

（9）预制空腔墙构件及预制夹心保温预制空腔墙构件应进行翻转、脱模、存放、吊运、混凝土浇筑等短暂设计状况下的承载力及裂缝验算；夹心保温预制空腔墙拉结件尚应进行自重、风荷载、地震及温度作用等持久设计状况下的承载力、变形及裂缝验算，并应符合下列规定：

① 翻转、脱模、存放、吊运、混凝土浇筑等短暂设计状况下的承载力及裂缝验算时，荷载作用及作用效应组合应按国家现行标准《混凝土结构工程施工规范》GB 50666 及《装配式混凝土结构技术规程》JGJ 1 的有关规定确定。

② 短暂设计状况下，墙体预制构件应根据现行国家标准《混凝土结构工程施工规范》GB 50666 的有关规定进行混凝土拉应力验算。当计算不满足要求时，应采取加强措施。

③ 预制夹心保温预制空腔墙构件外页板内应配置单层双向钢筋网片，钢筋直径不宜小于 6mm，钢筋间距不宜大于 200mm，钢筋网片应置于外页板厚度中部。

④ 预制夹心保温预制空腔墙构件宜采用不锈钢拉结件，拉结件数量及布置应通过计算确定，宜采用承重拉结件与限位拉结件相结合的布置方式；每片墙板内，应至少布置 2 个竖向承重拉结件，1～2 个水平承重拉结件；同一方向的承重拉结件应平行布置在同一直线上，竖向设置的承重拉结件宜布置在墙体顶端；限位拉结件宜均匀布置且间距不应大于 600mm，并应在两侧预制墙板内可靠锚固（图 3-21）。

⑤ 夹心保温预制空腔墙的外页板在正常使用极限状态下，应根据不同的设计要求，采用荷载的标准组合或准永久组合，并应按下列设计表达式进行设计：

$$S \leqslant C \tag{3-1}$$

式中 S——承载能力极限状态下作用组合效应设计值，对持久设计状况和短暂设计状况应按作用的基本组合计算；对地震设计状况应按作用的地震组合计算；

C——夹心保温预制空腔墙外页板达到正常使用要求的规定限值，例如挠度、裂缝等，其挠度限值为外页板面外支座间距的 1/250，最大裂缝宽度限值应符合现行国家标准《混凝土结构设计规范》GB 50010 的有关规定。

⑥ 预制夹心保温预制空腔墙构件内的拉结件应进行短暂设计状况及持久设计状况

下的承载力验算。

a. 短暂设计状况下宜按下式进行计算：

$$K_c S_c \leqslant R_c \tag{3-2}$$

式中　K_c——安全系数，应按现行国家标准《混凝土结构工程施工规范》GB 50666取值；

S_c——各工况荷载标准组合作用下的效应值；

R_c——根据试验确定的拉结件在短暂设计状况下的承载力。

b. 持久设计状况下宜按下式进行计算：

$$S_d \leqslant R_d \tag{3-3}$$

$$R_d = R/2 \tag{3-4}$$

式中　S_d——基本组合的效应设计值，应按现行行业标准《装配式混凝土结构技术规程》JGJ 1相关规定取值；

R_d——拉结件承载力设计值；

R——根据试验确定的拉结件在持久设计状况下的承载力。

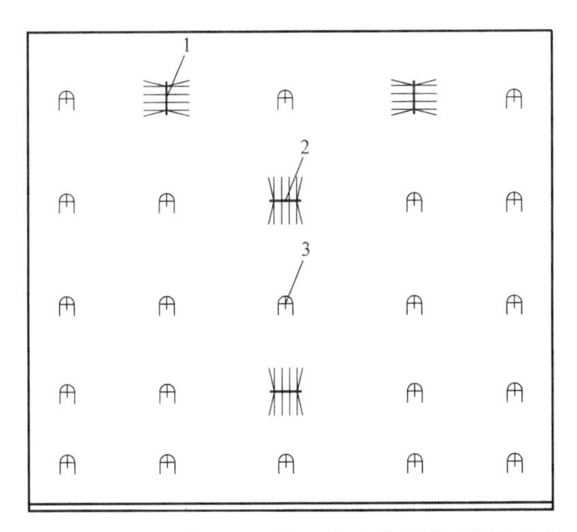

图3-21　夹心保温预制空腔墙构件拉结件示意

1—竖向承重拉结件；2—水平承重拉结件；3—限位拉结件

3.10.2　SPCS预制空腔墙连接设计与构造

（1）预制空腔墙底部接缝宜设置在楼面标高处，接缝高度不宜小于50mm，接缝处后浇混凝土应浇筑密实，接缝处混凝土上表面应设置深度不小于6mm的粗糙面。

（2）预制空腔墙上下层墙体水平接缝处的连接钢筋应符合下列规定：

① 边缘构件的竖向钢筋宜采用逐根搭接连接（图3-22），搭接长度不应小于$1.6l_{aE}$，连接钢筋与被连接钢筋之间的中心距不应大于$4d$，d为连接钢筋直径；

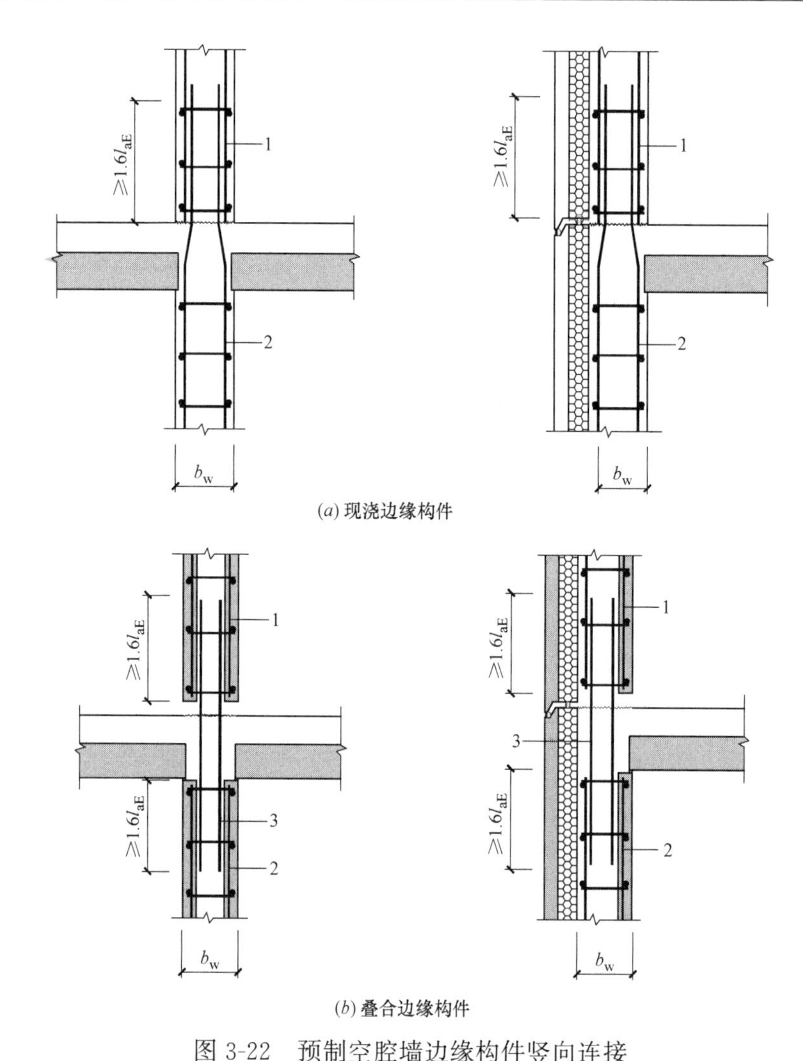

图 3-22　预制空腔墙边缘构件竖向连接

1—上层边缘构件纵筋；2—下层边缘构件纵筋；3—连接钢筋；b_w—预制空腔墙厚度

② 非边缘构件部位的连接钢筋宜采用环状连接筋（图 3-23），并应满足下列要求：

a. 连接钢筋搭接长度不应小于 $1.2l_{aE}$；

b. 连接钢筋的间距不应大于预制空腔墙构件及预制夹心保温预制空腔墙构件中竖向分布钢筋的间距，且不宜大于 200mm；

c. 连接钢筋的直径不应小于预制空腔墙构件及夹心保温预制空腔墙构件中对应位置竖向分布钢筋的直径；

d. 连接钢筋直径及间距应根据计算确定，并应满足现行行业标准《装配式混凝土结构技术规程》JGJ 1 中关于剪力墙水平接缝的受剪承载力计算要求；

e. 上下层预制空腔墙厚度不同时，环状连接筋应进行弯折处理，弯折角度不宜大于 1∶6，弯折后的连接筋应伸入上下层预制空腔墙构件空腔内，长度不宜小于 $1.2l_{aE}$（图 3-24）。

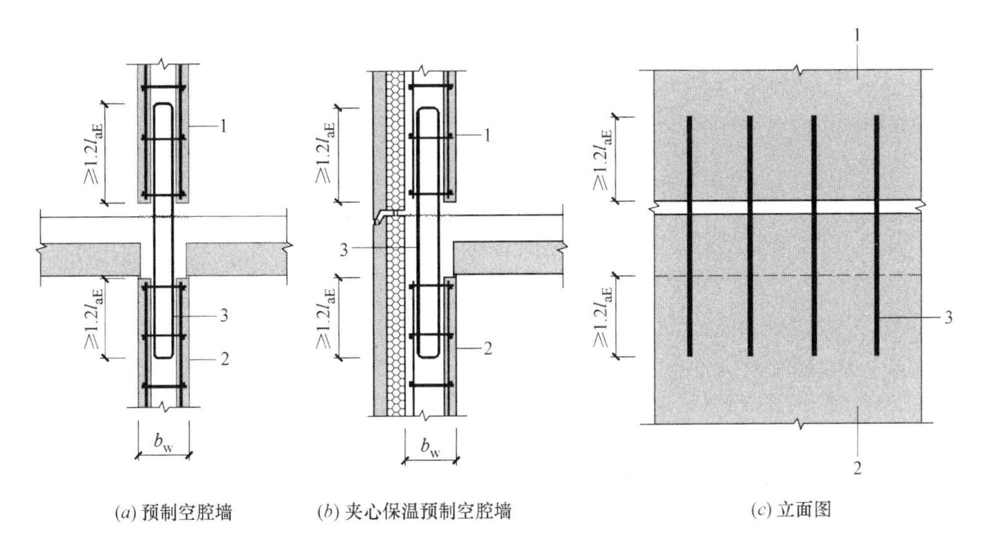

(a) 预制空腔墙　(b) 夹心保温预制空腔墙　(c) 立面图

图 3-23　预制空腔墙竖向连接

1—上层预制空腔墙；2—下层预制空腔墙；3—环状连接筋；

b_w—预制空腔墙厚度

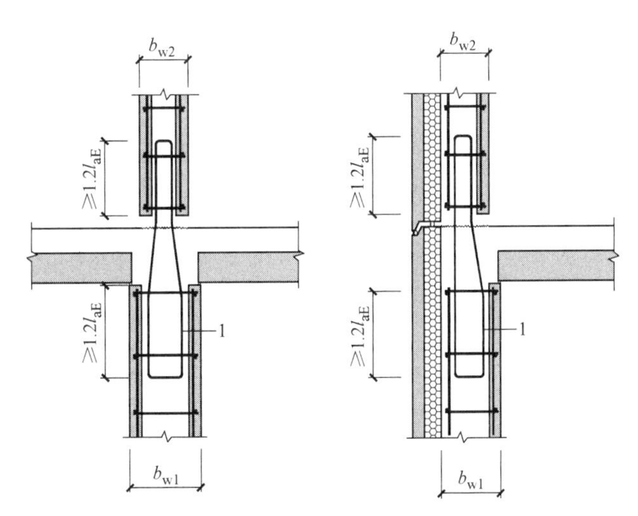

图 3-24　变截面预制空腔墙竖向连接

1— 弯折环状连接筋；b_{w1}—下层预制空腔墙厚度；b_{w2}—上层预制空腔墙厚度

(3) 除下列情况外，墙体承重部分厚度不大于 200mm 的标准设防类建筑预制空腔墙的竖向分布钢筋可采用单排钢筋连接：

① 抗震等级为一级的剪力墙。

② 轴压比大于 0.3 的抗震等级为二、三、四级的剪力墙。

③ 一字形墙、一端有翼墙连接；剪力墙非边缘构件区长度大于 4mm 的剪力墙以及两端有翼墙连接；剪力墙非边缘构件长度大于 8mm 的剪力墙。

(4) 当剪力墙竖向分布钢筋采用单排连接时，计算分析不应考虑剪力墙平面外刚度及承载力，单排钢筋连接应满足下列要求：

① 连接钢筋应位于内、外侧被连接钢筋的中间位置。

② 连接钢筋宜均匀布置，间距 a_1 不宜大于 300mm。

③ 单片预制空腔墙水平接缝处连接钢筋总受拉承载力不应小于上、下层被连接钢筋总受拉承载力较大值的 1.1 倍。

④ 下层剪力墙连接筋至下层预制墙顶及上层剪力墙连接钢筋至上层预制墙底算起的埋置长度均不应小于 $(1.2l_{aE}+b_w/2)$，b_w 为墙体厚度，其中 l_{aE} 应按连接钢筋直径计算。

⑤ 钢筋连接长度范围内应配置拉筋，同一连接接头内的拉筋配筋面积不应小于连接钢筋面积。拉筋沿竖向的间距不应大于水平分布钢筋的间距，且不宜大于 150mm。拉筋应紧靠连接钢筋，并应与最外侧分布筋可靠焊接（图 3-25）。

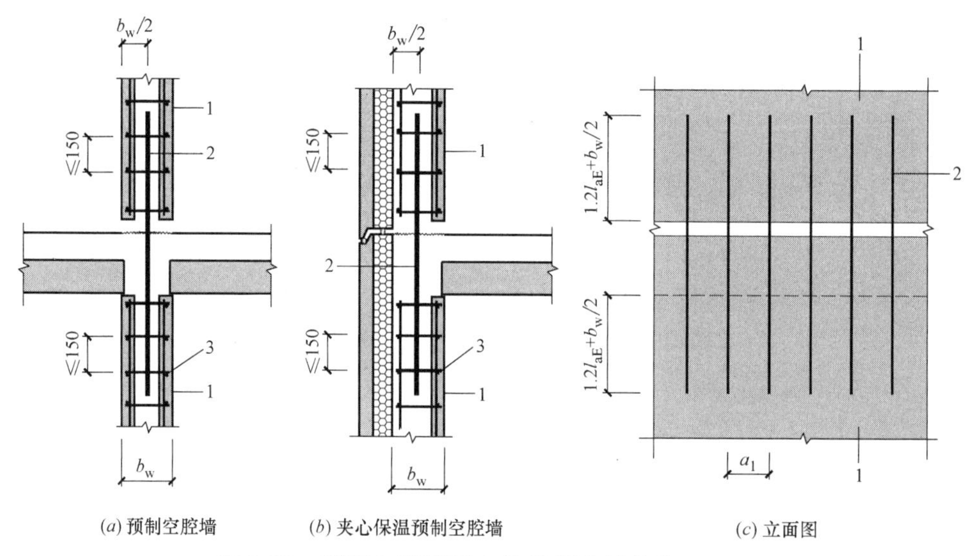

图 3-25 预制空腔墙竖向单排筋连接构造（mm）

1—预制空腔墙；2—墙体连接筋；3—拉筋；b_w—预制空腔墙厚度

(5) 预制空腔墙后浇混凝土墙段与预制空腔构件之间应采用环状连接筋进行连接，连接筋应符合下列规定：

① 连接筋直径不应小于其所连接预制构件内水平钢筋的直径，连接筋间距 d_1 不应大于其所连接预制构件内水平钢筋的间距 d_2，连接钢筋应紧贴梯子形网片的水平横筋布置（图 3-26）。

② 当后浇混凝土墙段仅一侧有预制空腔构件时，连接筋伸入预制空腔构件空腔内长度不应小于 l_{aE}，伸入后浇混凝土墙段内长度不应小于 l_{aE} 或伸至后浇段内最外侧纵筋内侧（图 3-27）。

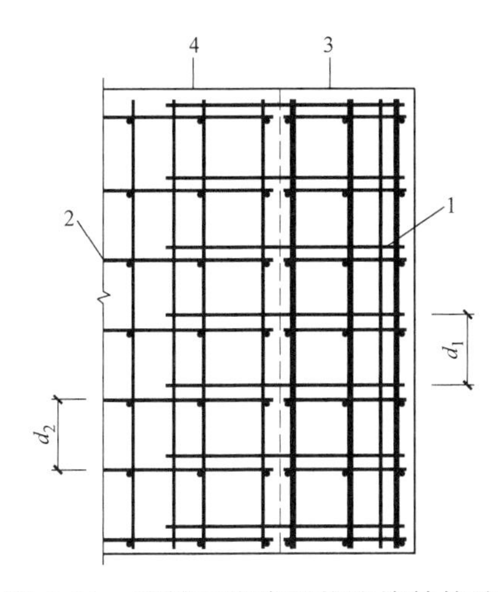

图 3-26　预制空腔墙环状连接筋构造

1— 环状连接筋；2—预制构件内水平钢筋；3—后浇混凝土墙段；4—预制空腔构件；

d_1—间接筋间距；d_2—墙体水平钢筋间距

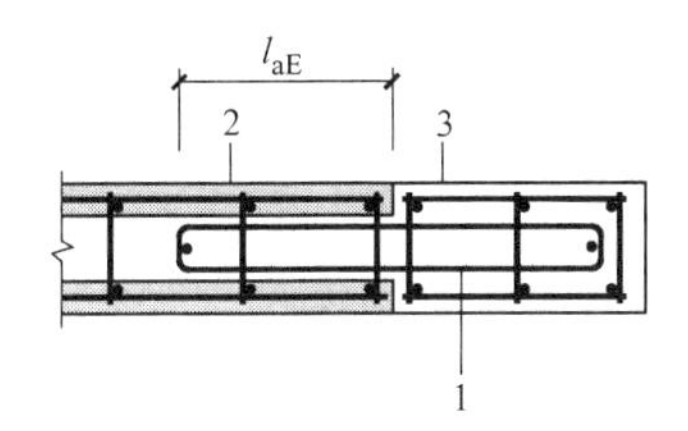

图 3-27　后浇混凝土墙段一侧有预制空腔构件连接节点

1—环状连接筋；2—预制空腔构件；3—后浇混凝土墙段

③ 当后浇混凝土墙段两侧均有预制空腔构件时，连接筋宜穿过后浇混凝土墙段，分别伸入两侧预制空腔构件空腔内且伸入长度不应小于 l_{aE}（图 3-28）。

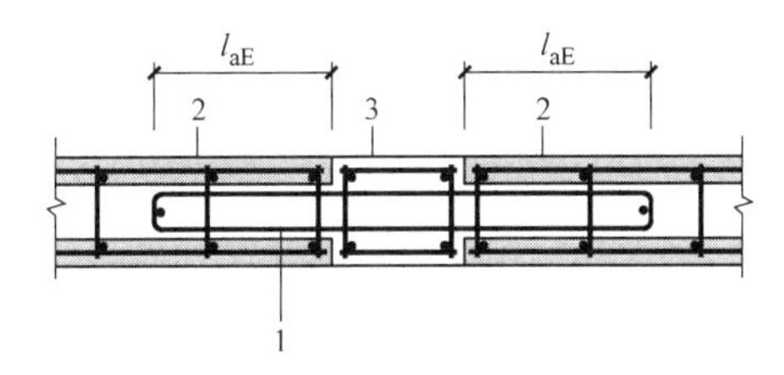

图 3-28　后浇混凝土墙段两侧均有预制空腔构件连接节点

1—环状连接筋；2—预制空腔构件；3—后浇混凝土墙段

④ 环状连接筋两端均应设置竖向插筋，插筋直径不宜小于 10mm，上下层插筋可不连接（图 3-29）。

(6) 预制空腔墙约束边缘构件的范围及构造应满足现行国家标准《建筑抗震设计规范》GB 50011 及行业标准《高层建筑混凝土结构技术规程》JGJ 3 的有关规定，并

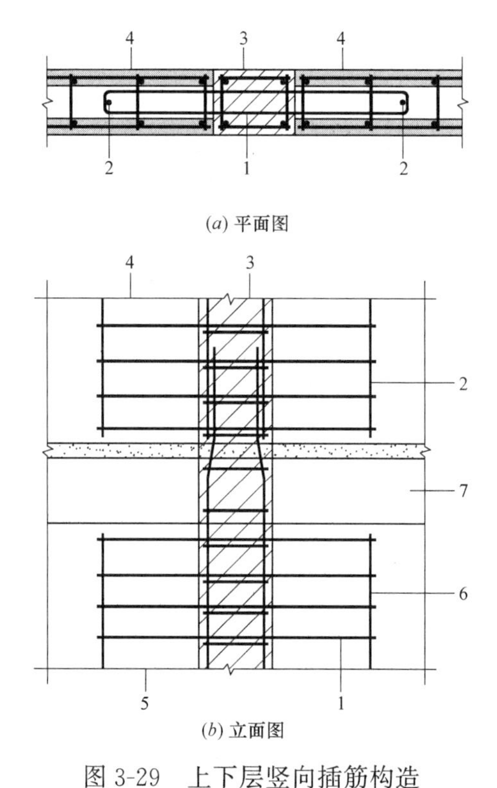

图 3-29　上下层竖向插筋构造

1—环状连接筋；2—上层竖向插筋；3—后浇混凝土墙段；4—上层剪力墙；5—下层剪力墙；6—下层竖向插筋；7—楼板厚度

应符合下列规定：

1）剪力墙门窗洞口两侧及空腔宽度 t 不小于 150mm 剪力墙端部的约束边缘构件可采用现浇混凝土暗柱或叠合暗柱，空腔宽度 t 小于 150mm 的剪力墙端部宜采用现浇暗柱。

① 当采用现浇暗柱时，现浇段内宜设置成型钢筋笼，成型钢筋笼应满足约束边缘构件的相关要求，现浇段与预制空腔构件应通过水平连接筋进行连接（图 3-30）。

② 当采用叠合暗柱时，阴影区域内箍筋由墙体水平网片与附加网片共同组成（图 3-31），纵筋应设置在预制墙板内。

2）墙体转角和纵横墙交接处约束边缘构件阴影区域宜采用全现浇混凝土，现浇混凝土墙段与预制空腔构件之间应通过水平连接筋进行连接（图 3-32）。

（7）预制空腔墙构造边缘构件的范围及构造应满足国家现行标准《建筑抗震设计规范》GB 50011 及《高层建筑混凝土结构技术规程》JGJ 3 的有关要求，并应符合下列规定：

1）剪力墙门窗洞口两侧及空腔宽度 t 不小于 150mm 剪力墙端部的构造边缘构件可采用现浇或预制空腔构件，空腔宽度 t 小于 150mm 的剪力墙端部边缘构件宜采用现浇构件，并应符合下列规定：

① 当采用现浇构件时，现浇段内宜设置成型钢筋笼，成型钢筋笼应满足构造边缘构件配筋的相关要求，现浇段与预制空腔构件应通过水平连接筋进行连接（图3-33）。

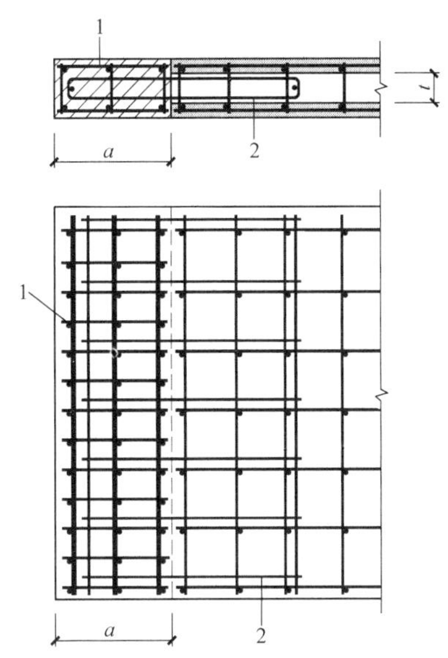

图3-30 现浇暗柱约束边缘构件

1—成型钢筋笼；2—水平连接筋；a—边缘构件阴影区域长度；t—空腔宽度

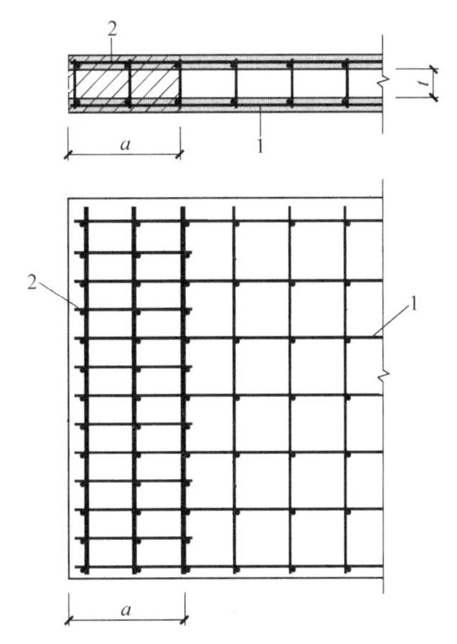

图3-31 叠合暗柱约束边缘构件

1—墙体水平网片；2—附加网片；a—边缘构件阴影区域长度；t—空腔宽度

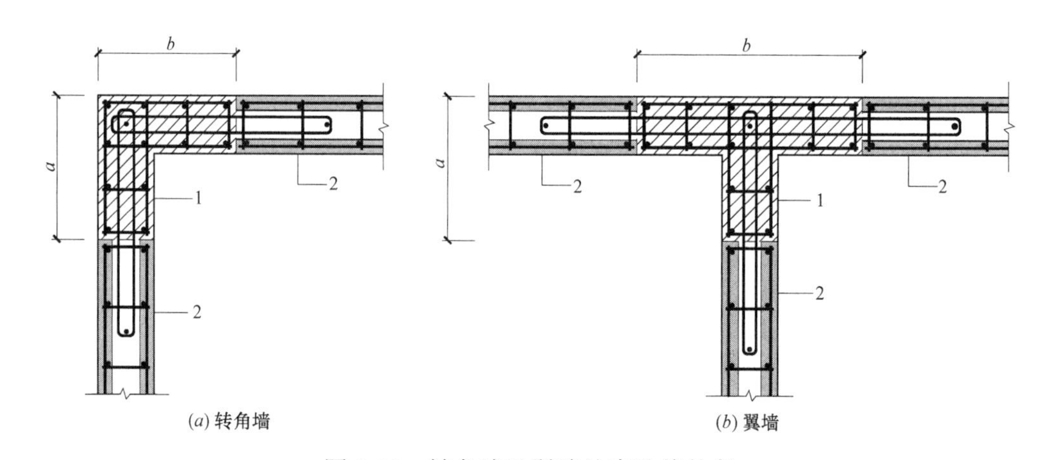

图 3-32　转角墙及翼墙约束边缘构件

1—现浇混凝土；2—空腔预制构件；a、b—边缘构件阴影区域长度

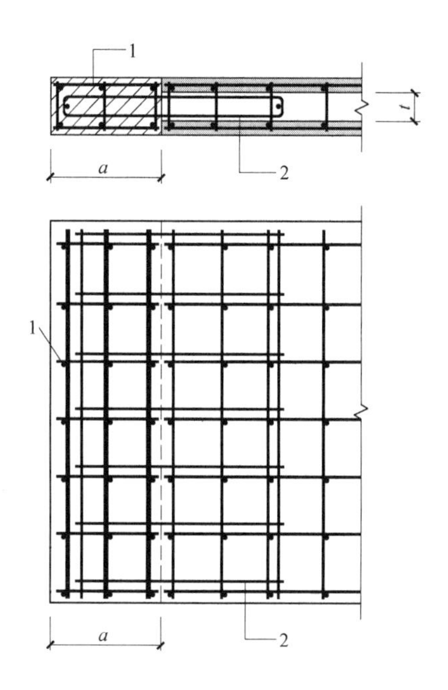

图 3-33　现浇暗柱构造边缘构件

1—成型钢筋笼；2—水平连接筋；a—边缘构件阴影区域长度；t—空腔宽度

② 当采用空腔构件时，边缘构件内箍筋由墙体水平网片纵筋与网片横筋组成，纵筋设置在预制墙板内（图 3-34）。

2）纵横墙交接处边缘构件可全部现浇，也可由现浇段与空腔段组合而成（图 3-35）；当采用全部现浇时，现浇边缘构件与预制空腔墙之间应通过水平连接筋进行连接；当采用组合形式时，应满足下列要求：

① 现浇段尺寸宜取墙体厚度；

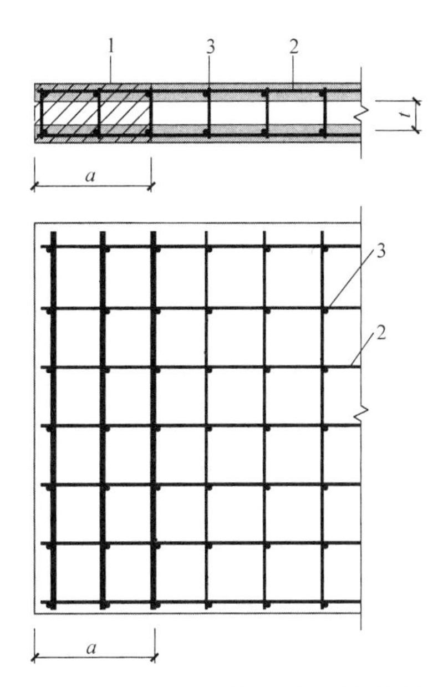

图 3-34　空腔暗柱构造边缘构件

1—边缘构件；2—水平网片筋；3—网片横筋；

a—边缘构件长度；t—空腔宽度

② 空腔段长度 a 不宜小于 400mm；

③ 现浇段内应设置成型钢筋笼，钢筋笼纵筋数量不宜少于 4 根。空腔段应与墙体整体预制，空腔段内纵筋数量不宜少于 6 根；

④ 现浇段与空腔段内纵筋及箍筋直径、间距均应满足国家现行标准《建筑抗震设计规范》GB 50011 及《高层建筑混凝土结构技术规程》JGJ 3 关于构造边缘构件的相关要求。

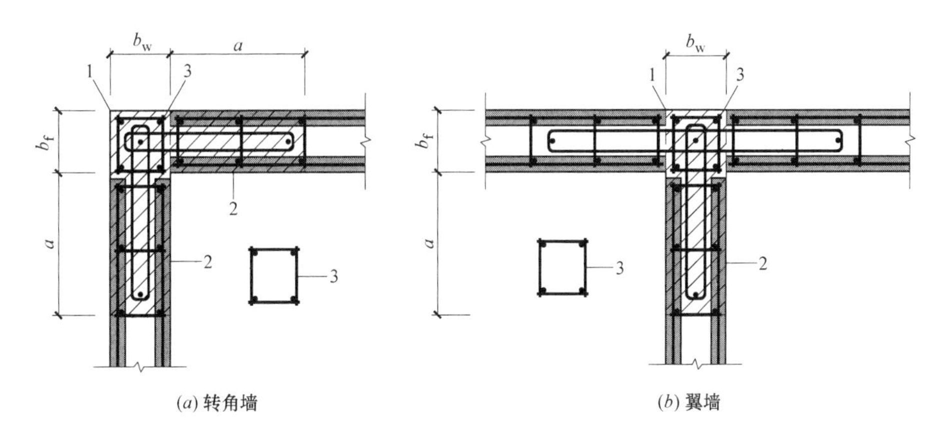

图 3-35　转角墙及翼墙现浇段与空腔段组合构造边缘构件

1—边缘构件现浇段；2—边缘构件空腔段；3—现浇段钢筋笼；

b_w、b_f—预制空腔墙墙肢厚度；a—边缘构件空腔段长度

3）纵横墙交接处边缘构件除上述做法外，也可采用单面叠合构件与叠合剪力墙的组合形式（图 3-36）；同时应满足下列要求：

① 单面叠合构件预制板厚度 t 不宜小于 50mm；

② 单面叠合构件与叠合剪力墙之间均应通过水平连接筋进行连接，水平连接筋应满足规范相关要求；

③ 单面叠合构件纵筋及箍筋直径、间距均应满足国家现行标准《建筑抗震设计规范》GB 50011 及《高层建筑混凝土结构技术规程》JGJ 3 关于构造边缘构件的相关要求；

④ 当墙垛尺寸 a 较大时，宜采用图 3-36（a）做法；墙垛尺寸 a 较小时，可采用图 3-36（b）简化做法。

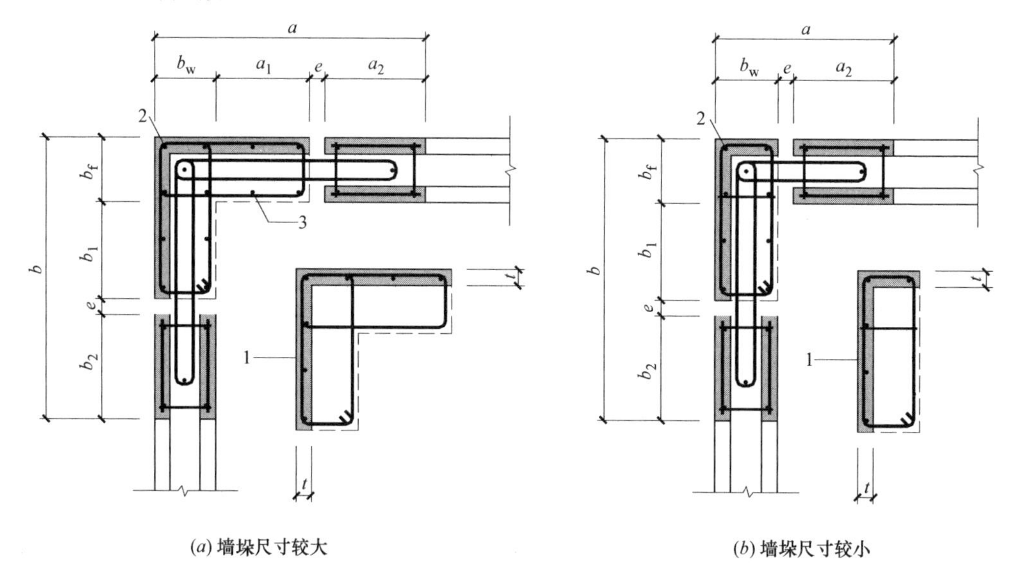

图 3-36 转角墙单面叠合构件与叠合墙组合构造边缘构件

1—单面叠合构件页板；2—单面叠合构件内纵筋；3—单面叠合构件外纵筋；

b_w、b_f—剪力墙墙肢厚度；a、b—剪力墙墙垛长度；a_1、b_1—单面叠合构件墙垛长度；

e—单面叠合构件与叠合剪力墙拼缝宽度；a_2、b_2—叠合墙墙垛长度

（8）夹心保温预制空腔墙约束边缘构件的范围及构造应满足国家现行标准《建筑抗震设计规范》GB 50011 及《高层建筑混凝土结构技术规程》JGJ 3 关于剪力墙结构的相关要求，并应符合下列规定：

1）剪力墙门窗洞口两侧及空腔宽度 t 不小于 150mm 的剪力墙端部的约束边缘构件可采用现浇混凝土暗柱或空腔暗柱，空腔宽度 t 小于 150mm 的剪力墙端部宜采用现浇暗柱。

① 当采用现浇暗柱时，现浇段内宜设置成型钢筋笼，成型钢筋笼应满足约束边缘构件的相关要求，现浇段与空腔构件应通过水平连接筋进行连接（图 3-37）。

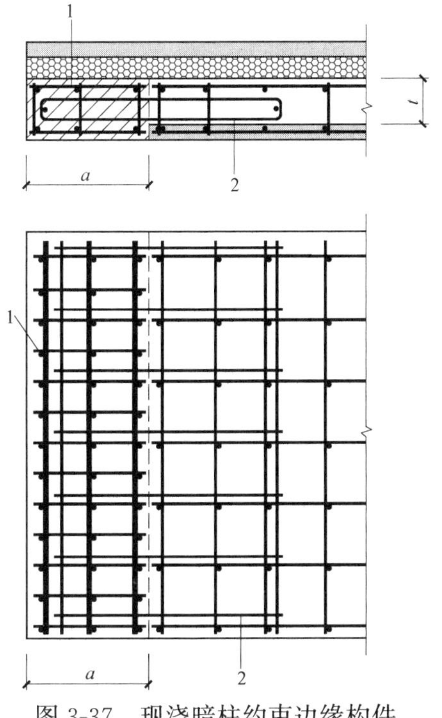

图 3-37 现浇暗柱约束边缘构件

1—成型钢筋笼；2—水平连接筋；a—边缘构件阴影区域长度；t—空腔宽度

② 当采用空腔暗柱时，阴影区域箍筋由墙体水平网片筋与附加网片筋共同组成(图 3-38)。

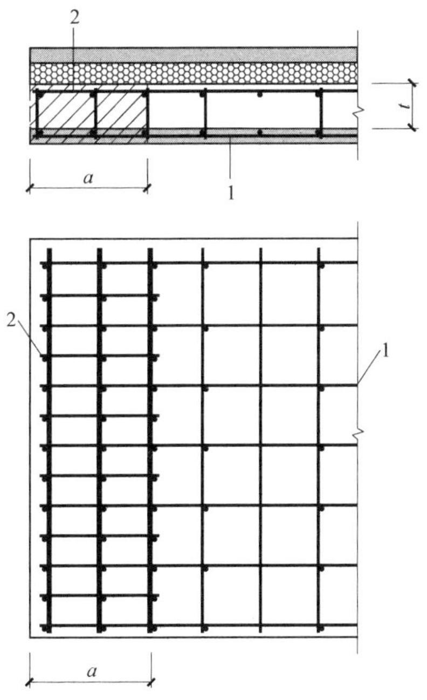

图 3-38 空腔暗柱约束边缘构件

1—墙体水平网片筋；2—附加网片筋；a—边缘构件阴影区域长度；t—空腔宽度

2）转角墙及翼墙约束边缘构件阴影区域宜采用现浇混凝土，现浇混凝土与空腔构件之间应通过水平连接筋进行连接（图3-39）。

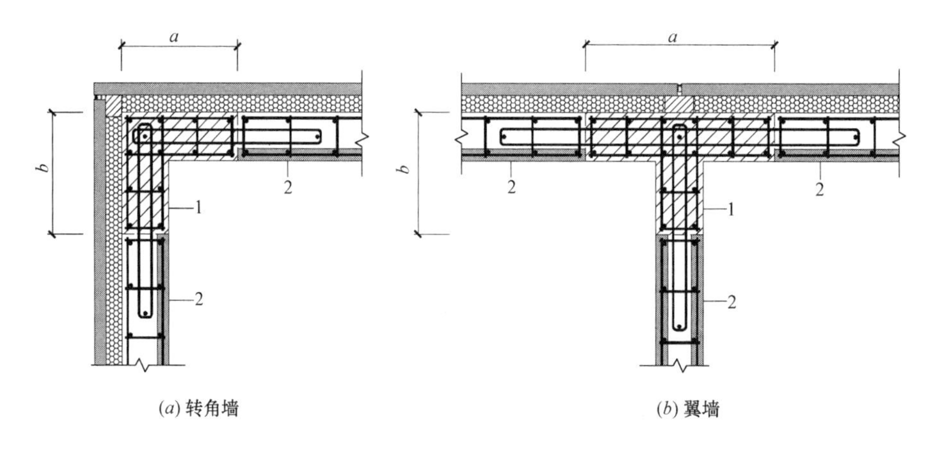

图3-39 转角墙及翼墙约束边缘构件

1—后浇混凝土；2—空腔构件；a、b—边缘构件阴影区域长度

（9）夹心保温预制空腔墙构造边缘构件的范围及构造应满足国家现行标准《建筑抗震设计规范》GB 50011及《高层建筑混凝土结构技术规程》JGJ 3关于剪力墙的有关要求，并应符合下列规定：

1）剪力墙门窗洞口两侧及空腔宽度t不小于150mm剪力墙端部的构造边缘构件可采用现浇或空腔构件，空腔宽度t小于150mm的剪力墙端部边缘构件宜采用现浇构件，并应符合下列规定：

① 当采用现浇构件时，现浇段内宜设置成型钢筋笼，成型钢筋笼应满足构造边缘构件相关要求，现浇段与空腔构件应通过水平连接筋进行连接（图3-40）。

② 当采用空腔构件时，边缘构件箍筋由墙体水平网片纵筋与网片横筋组成（图3-41）。

2）转角墙及翼墙构造边缘构件宜采用现浇混凝土，现浇混凝土与空腔构件之间应通过水平连接筋进行连接（图3-42）。

（10）预制空腔墙、夹心保温预制空腔墙竖向接缝处宜设置长度不小于200mm的现浇混凝土墙段，墙段内应设置成型钢筋笼（图3-43），并应符合下列规定：

1）钢筋笼纵筋不宜少于4根，不宜小于10mm及相应部位墙体竖向分布筋中的较大值。

2）钢筋笼箍筋直径不宜小于相应部位墙体水平分布筋，间距宜与墙体水平分布钢筋一致。

3）空腔构件之间应通过水平连接筋进行连接。

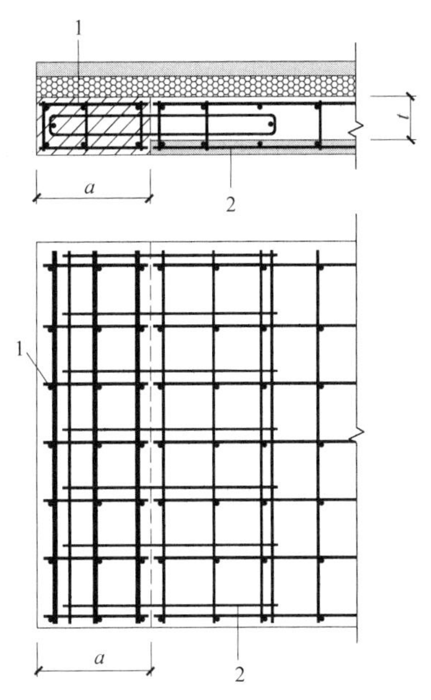

图 3-40　现浇暗柱构造边缘构件

1—成型钢筋笼；2—水平连接筋；a—边缘构件阴影区域长度；t—空腔宽度

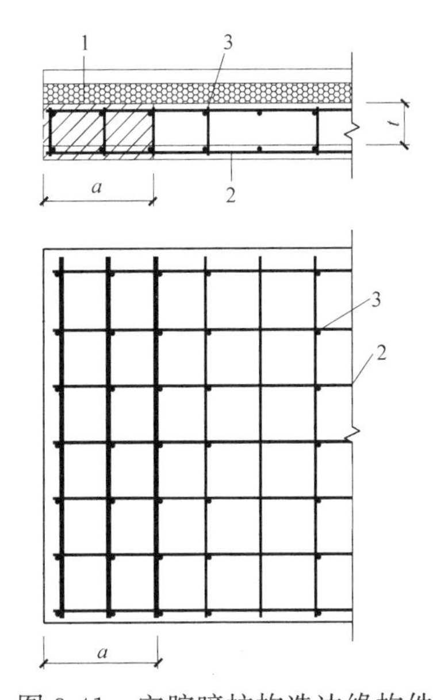

图 3-41　空腔暗柱构造边缘构件

1—边缘构件；2—水平网片筋；3—网片横筋；a—边缘构件长度；t—空腔宽度

（11）当预制空腔墙连梁与墙板整体预制时，连梁高度 H 的取值应符合下列规定：

1）连梁高度 H 宜取门窗洞口顶至板底距离（图 3-44a），梁顶附加环状连接筋，连接筋直径不宜小于 8mm，间距不宜大于 200mm。

2）若上述连梁无法满足刚度或承载力要求时，可采用复合连梁（图 3-44b），复

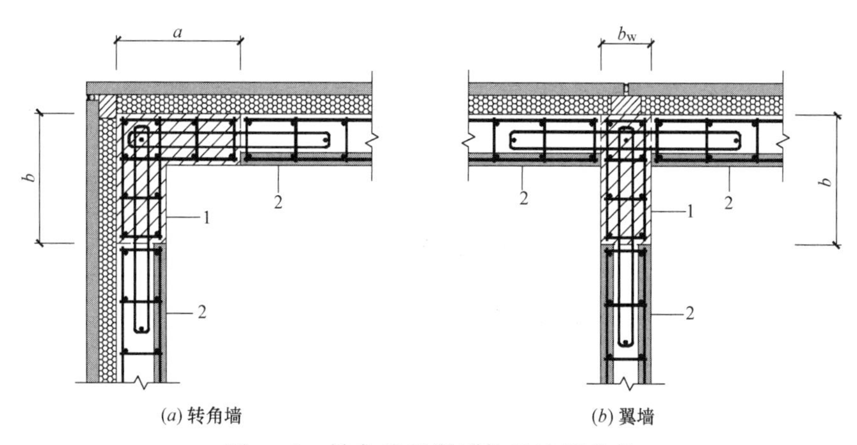

图 3-42　转角墙及翼墙构造边缘构件

1—现浇混凝土；2—空腔构件；a、b—边缘构件长度；b_w—墙肢厚度

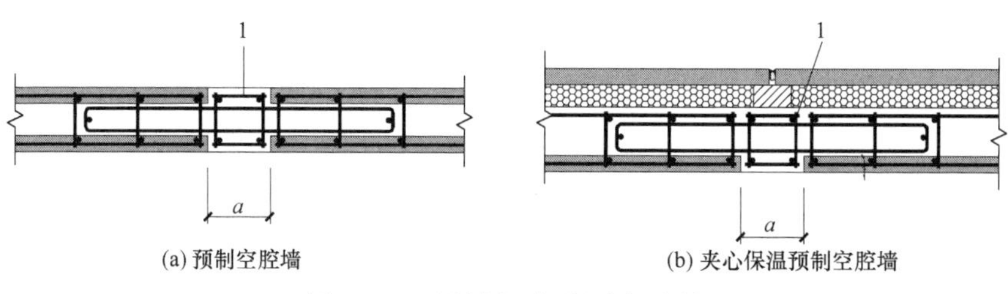

图 3-43　预制空腔墙顺向连接

1—成型钢筋笼；a—现浇混凝土墙段长度

合连梁高度 H 可取门窗洞口顶至板顶距离，并应符合下列规定。

① 复合连梁由下部预制部分与上部空腔层共同组成，空腔层内设置暗梁，暗梁箍筋应由计算确定，构造要求与整体连梁一致。

② 下部预制部分与上部空腔层通过附加环状连接筋进行连接，连接筋应通过计算确定，直径不小于连梁箍筋直径，间距不大于连梁箍筋间距。

3）连梁也可采用空腔连梁（图 3-44c），空腔连梁高度 H 可取门窗洞口顶至板顶

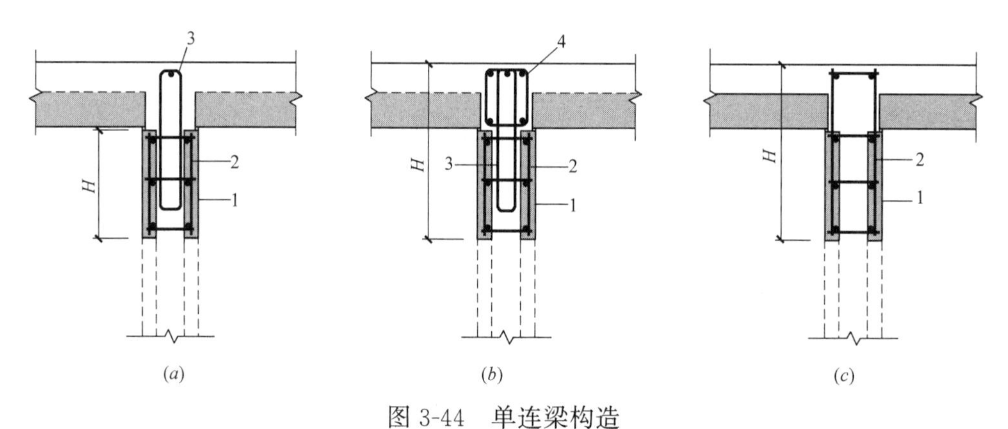

图 3-44　单连梁构造

1—连梁；2—连梁箍筋；3—梁内环状连接筋；4—梁顶箍筋；H—连梁高度

距离，连梁构造应满足现行行业标准《装配式混凝土结构技术规程》JGJ 1的有关要求。

4）当上下层洞口对齐且上层墙体有窗下墙时，洞口间墙体可按整体连梁进行设计（图3-45），连梁高度 H 可取门窗洞口顶至上层窗下墙顶距离，并应符合下列规定：

① 窗上墙、窗下墙宜分别配置箍筋，并在上下墙体间设置环状连接筋，连接筋配筋面积不应小于整体连梁箍筋面积，连接筋间距不应大于200mm；

② 环状连接筋应分别伸入上下层墙体 l_{aE} 或伸至上下层墙体顶部及底部纵向钢筋的内侧。

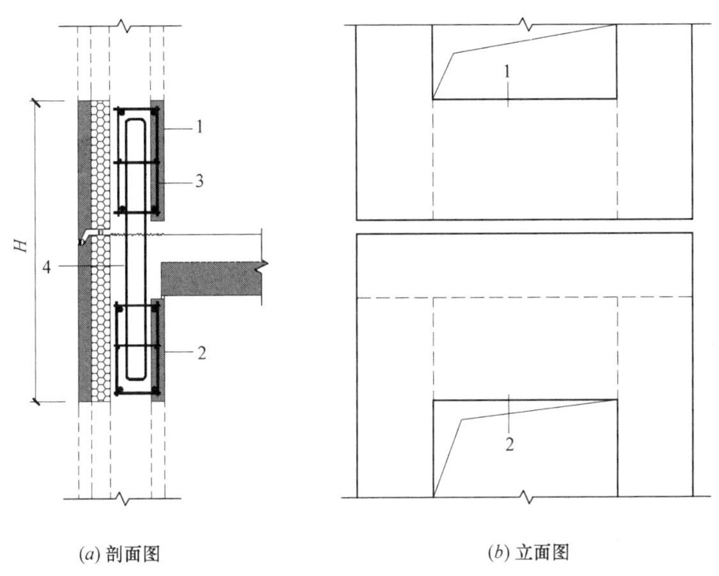

(*a*) 剖面图　　(*b*) 立面图

图3-45　窗间墙整体连梁构造

1—窗下墙；2—窗上墙；3—连梁箍筋；4—环状连接筋；H—连梁高度

（12）空腔宽度不小于150mm的预制空腔墙与梁在平面内连接时，梁纵筋可直接锚入预制空腔墙空腔内（图3-46），同时应满足下列要求：

1）剪力墙与梁之间宜预留不小于200mm的现浇段，现浇段内至少应设置两道附加箍筋，箍筋肢数及直径同梁箍筋。

2）当采用直线锚固时，梁主筋伸入预制空腔墙长度应满足国家现行标准《混凝土结构设计规范》GB 50010及《高层建筑混凝土结构技术规程》JGJ 3关于梁直线锚固的有关要求（图3-45）。

3）当剪力墙截面尺寸不满足直线锚固要求时，可采用国家标准《混凝土结构设计规范》GB 50010—2010第8.3.3条钢筋端部加机械锚头的锚固方式或90°弯折锚固；采用机械锚固时，梁纵筋伸入预制空腔墙水平投影锚固长度不宜小于 $0.4l_{abE}$；采用弯折锚固时，梁纵筋伸入预制空腔墙水平投影锚固长度不宜小于 $0.4l_{abE}$，并向上、向下

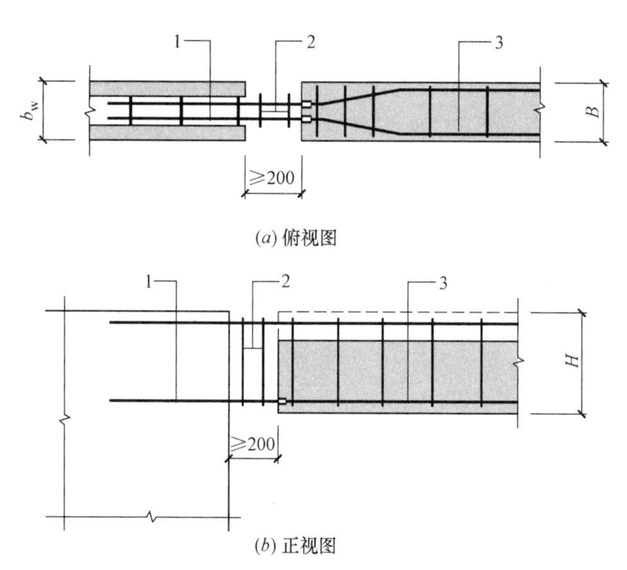

图 3-46　框架梁与预制空腔墙连接（一）

1—梁连接钢筋；2—现浇段附加箍筋；3—梁内纵筋；b_w—预制空腔墙宽度；

H—梁高度；B—梁宽度

弯折，弯折长度不宜小于 15d（图 3-47）。

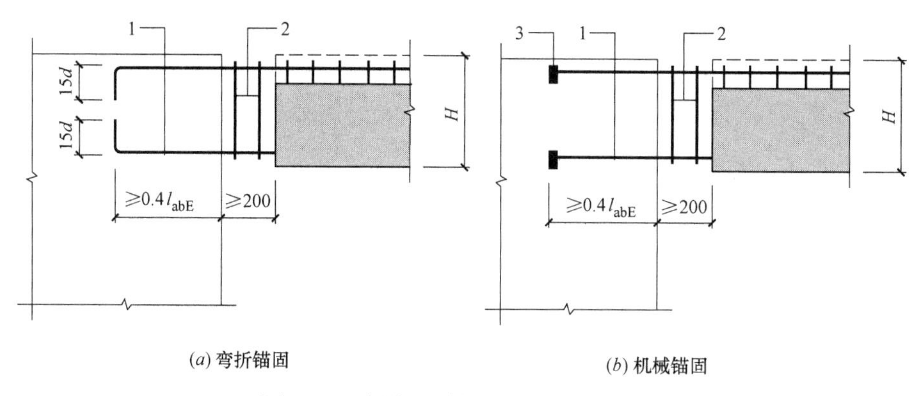

图 3-47　梁与预制空腔墙连接（二）

1—梁连接钢筋；2—现浇段附加箍筋；3—机械锚头；H—梁高度

（13）预制空腔墙、夹心保温预制空腔墙竖向接缝处宜设置长度不小于 200mm 的现浇混凝土墙段，墙段内应设置成型钢筋笼，并应符合下列规定：

预制空腔墙与梁平面外相交时，梁端宜设计为铰接；连接形式可采用企口连接或钢企口连接，尚应符合下列规定：

1）当采用企口连接时，剪力墙顶应设置企口，企口宽度 B_w 不应小于 $B+40$mm，企口高度不应小于 $H+20$，B、H 分别为梁宽度、梁高度，梁顶主筋伸入企口内长度不宜小于 0.35l_{ab}，且应向下弯折，弯折长度不宜小于 15d，梁底筋伸入企口内长度不宜小于 12d，d 为钢筋直径（图 3-48）。

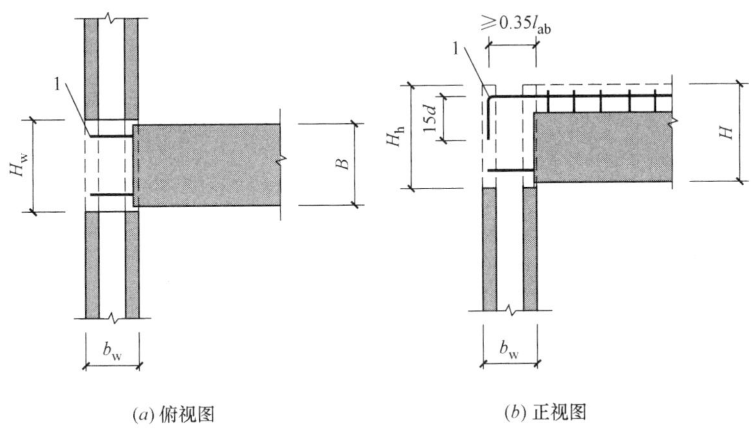

图 3-48　梁与预制空腔墙企口连接

1—梁主筋；B—空腔梁宽度；H—空腔梁高度；b_w—预制空腔墙宽度；

H_w—企口宽度；H_h—企口高度

2）当梁不直接承受动力荷载且跨度不大于 9mm 时，可采用钢企口连接。采用钢企口连接时，梁顶主筋伸入预制空腔墙水平长度不宜小于 $0.35l_{ab}$，且应向下弯折，弯折长度不宜小于 15d（图 3-49），并应满足现行国家标准《装配式混凝土建筑技术标准》GB/T 51231 的有关要求。

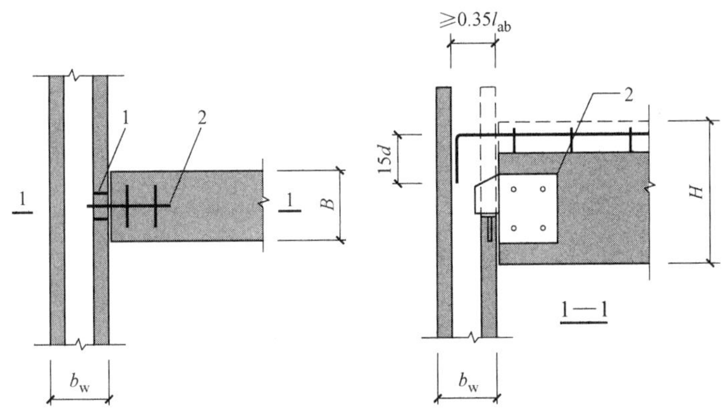

图 3-49　梁与预制空腔墙钢企口连接

1—预埋件；2—钢企口；H—空腔梁高度；B—梁宽度；b_w—预制空腔墙宽度

3.11　SPCS 框架结构设计

3.11.1　一般规定

（1）叠合框架梁整体成型钢筋笼（图 3-50）由焊接箍筋网片或弯折成型箍筋网片

和梁纵筋组成，并应符合下列规定：

1）箍筋肢距宜以10mm为模数；

2）箍筋网片间距宜以50mm为模数；

3）梁下部纵向受力钢筋两端伸出预制构件的长度应满足锚固要求；

4）梁侧面构造纵筋可不伸出预制构件。

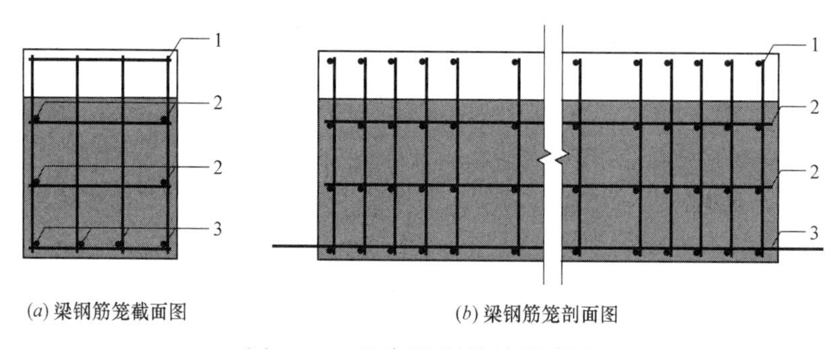

图3-50　叠合梁钢筋笼示意图

1—箍筋网片；2—梁侧面构造纵筋；3—下部受力钢筋

（2）预制空腔柱整体成型钢筋笼（图3-51）可由焊接箍筋网片或弯折成型箍筋网片和柱纵筋组成，并应符合下列规定：

1）箍筋肢距宜以10mm为模数；

2）箍筋网片间距宜以50mm为模数。

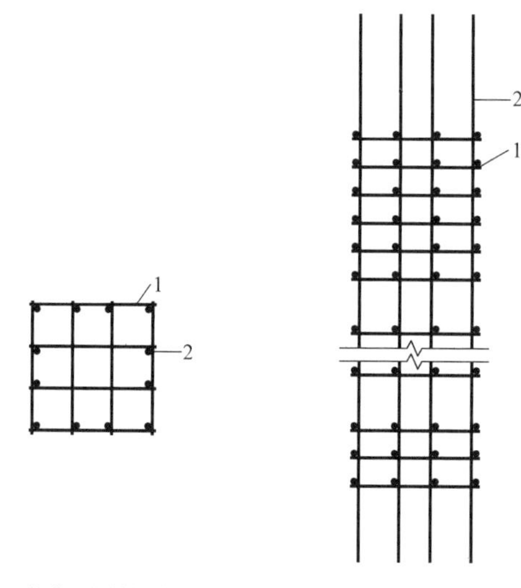

图3-51　柱成型钢筋笼

1—柱箍筋网片；2—柱纵筋

（3）预制空腔柱构件构造应符合下列规定（图3-52）：

1）预制空腔柱构件宜采用矩形截面，截面边长宜以 50mm 为模数，其宽度不宜小于 500mm 且不宜小于同方向梁宽 1.5 倍；预制部分厚度不宜小于 80mm。

2）预制空腔柱构件内壁及端部均应设置粗糙面，粗糙面凹凸深度不应小于 4mm。

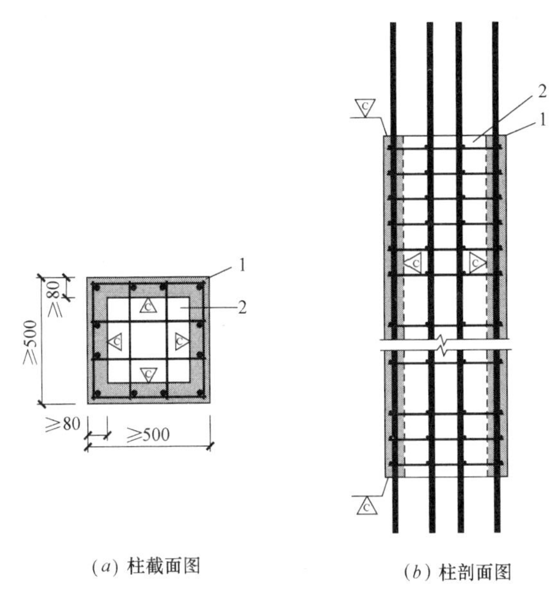

图 3-52　预制空腔柱示意图

1—预制部分；2—空腔部分

（4）当采用双层预制空腔柱构件时，上下层柱间空心区宜采取临时加强措施，加强措施可采用交叉斜筋等形式（图 3-53）。

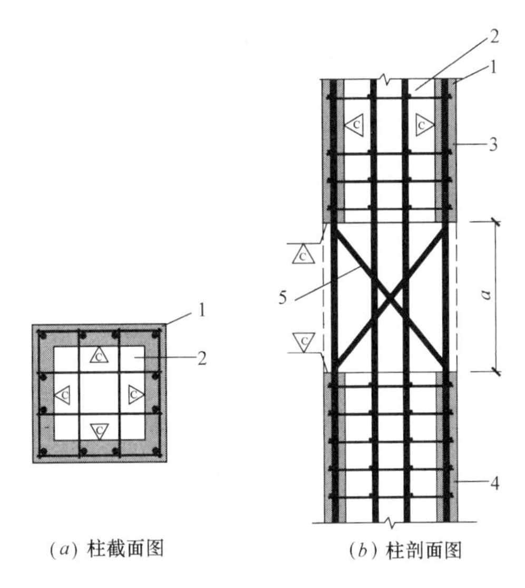

图 3-53　双层预制空腔柱示意图

1—预制部分；2—空腔部分；3—上层柱；4—下层柱；5—加强措施；a—空心区

3.11.2 连接设计

（1）预制空腔柱竖向连接处宜设置混凝土现浇段，现浇段宜设置在楼层标高处，现浇段内柱纵筋宜采用机械连接接头（图3-54），现浇段及连接接头构造应符合下列规定：

1）下层预制空腔柱纵向受力钢筋应贯穿后浇节点区后与上层预制空腔柱纵筋在现浇段内连接，现浇段高度不宜小于400mm，且应满足纵向钢筋机械连接的操作要求。

2）纵筋机械连接接头应满足现行行业标准《钢筋机械连接技术规程》JGJ 107中Ⅰ级接头的有关要求。

3）纵筋机械连接接头净距不应小于25mm。

4）纵筋机械连接接头上下第一道箍筋距套筒距离不应大于50mm。

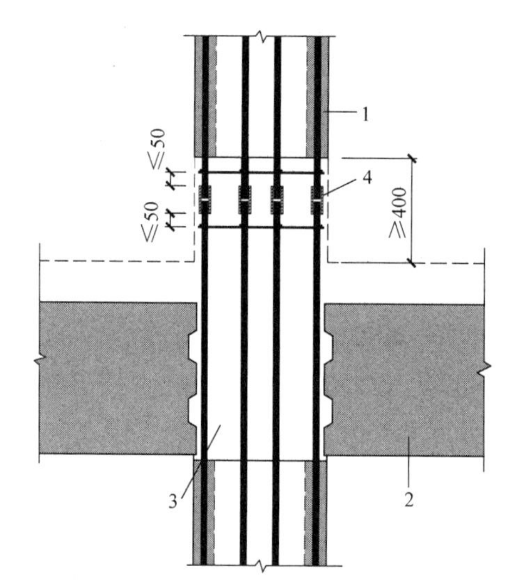

图3-54　预制空腔柱竖向连接构造示意

1—预制空腔柱；2—叠合梁；3—后浇区；4—机械连接接头

（2）预制空腔柱与基础竖向连接可采用现浇段连接，如图3-55（*a*）所示，混凝土现浇段宜设置在基础顶面处，现浇段内柱纵筋宜采用机械连接接头，现浇段及连接接头应符合本节第1条的规定；也可采用锚入式连接，如图3-55（*b*）所示，柱纵筋可采用直线锚固或机械锚固，锚固长度应符合现行国家标准《混凝土结构设计规范》GB 50010的有关规定。

（3）梁纵向钢筋在后浇节点区内采用直线锚固、弯折锚固和机械锚固的方式时，其锚固长度应符合现行国家标准《混凝土结构设计规范》GB 50010的有关规定；当梁、柱纵向钢筋采用锚固板时，应符合现行行业标准《钢筋锚固板应用技术规程》

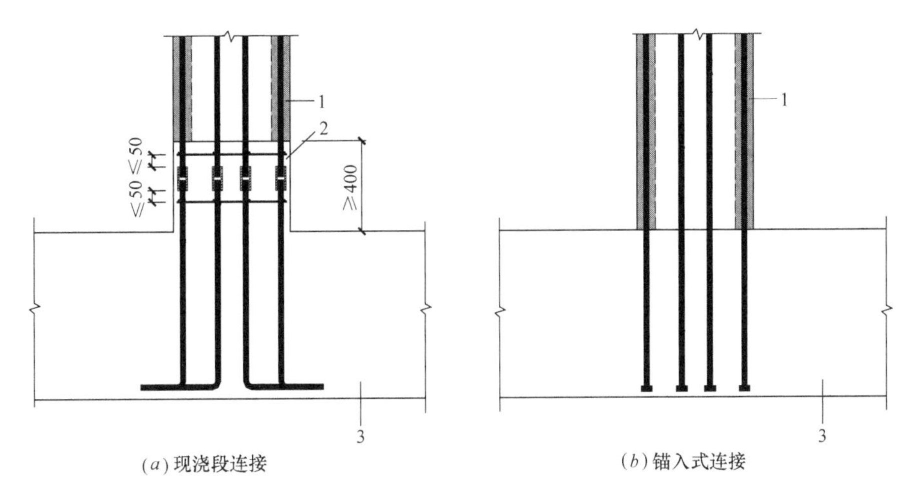

图 3-55　柱与基础竖向连接构造示意

1—预制空腔柱；2—机械连接；3—基础

JGJ 256 的有关规定。

(4) 预制空腔框架柱、梁节点应采用后浇段连接。梁纵向受力钢筋应伸入后浇节点区锚固或连接，并应符合下列规定：

1) 对框架中间层中节点，节点两侧的梁下部纵向受力钢筋宜分别锚固在后浇节点区内，如图 3-56 (*a*) 所示；也可采用机械连接或焊接的方式直接连接，如图 3-56 (*b*) 所示；梁的上部纵向受力钢筋应贯穿后浇节点区。

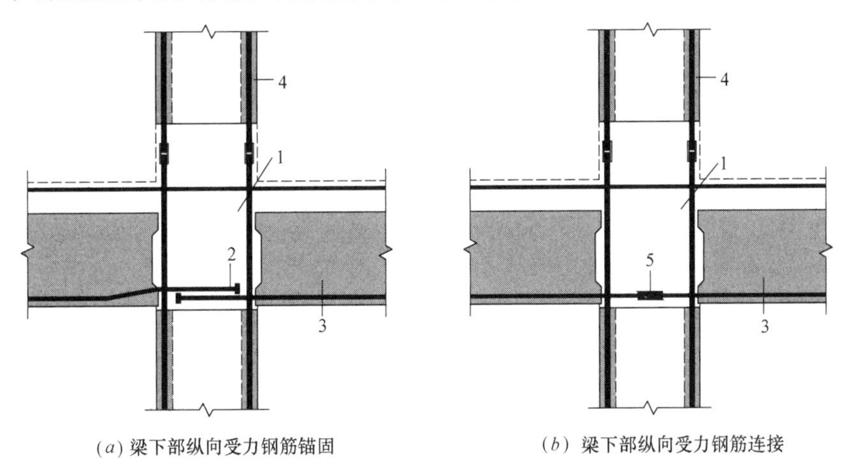

图 3-56　预制空腔柱及叠合梁框架中间层中节点构造示意

1—后浇区；2—梁下部纵向受力钢筋锚固；3—预制梁；4—预制空腔柱；

5—梁下部纵向受力钢筋连接

2) 对框架中间层端节点，当柱截面尺寸不满足梁纵向受力钢筋的直线锚固要求时，宜采用锚固板等机械锚固措施（图 3-57），也可采用 90° 弯折锚固。

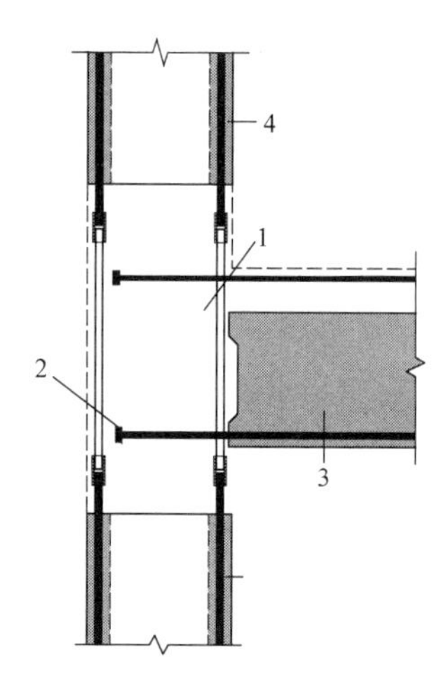

图 3-57 预制空腔柱及叠合梁框架中间层端节点构造示意

1—后浇区；2—梁纵向受力钢筋锚固；3—预制梁；4—预制空腔柱

3）对框架顶层中节点，梁纵向受力钢筋的构造应符合上述 1）的规定。柱纵向受力钢筋宜采用直线锚固，也可采用锚固板等机械锚固措施（图 3-58）。

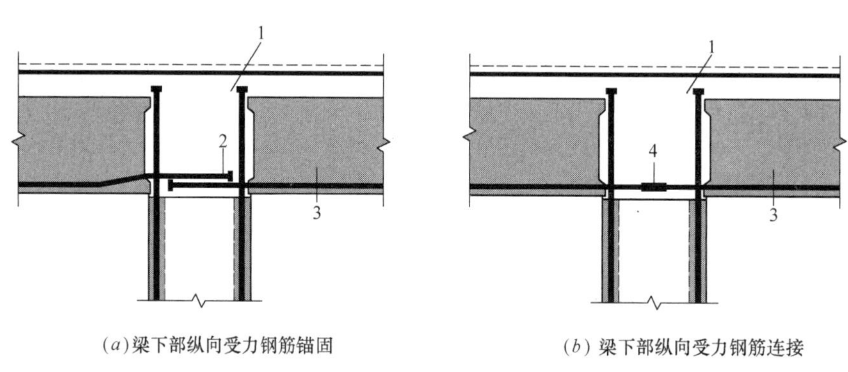

（a）梁下部纵向受力钢筋锚固　　（b）梁下部纵向受力钢筋连接

图 3-58 预制空腔柱及叠合梁框架顶层中节点构造示意

1—后浇区；2—梁下部纵向受力钢筋锚固；3—预制梁；4—梁下部纵向受力钢筋连接

4）对框架顶层端节点，梁下部纵向受力钢筋应锚固在后浇节点区内，且宜采用锚固板等机械锚固措施，梁、柱其他纵向受力钢筋的锚固应符合下列规定：

① 柱宜伸出屋面并满足柱纵向受力钢筋锚固要求，如图 3-59（a）所示，柱纵向受力钢筋宜采用锚固板等机械锚固措施，此时锚固长度不应小于 $0.6l_{aE}$，且应伸至柱顶。伸出段内箍筋直径不应小于 $d_1/4$，d_1 为柱纵向受力钢筋的最大直径；伸出段内箍筋间距不应大于 $5d_2$，d_2 为柱纵向受力钢筋较小直径，且不应大于 100mm；梁纵向受力钢筋应锚固在后浇节点区内，且宜采用锚固板等机械锚固措施，此时锚固长度不应小于 $0.6l_{aE}$，且应伸至柱外侧纵筋内侧。

② 柱外侧纵向受力钢筋也可与梁上部纵向受力钢筋在后浇节点区搭接，如图 3-59

(*b*) 所示，搭接长度不应小于 $1.7l_{aE}$，其构造要求应符合现行国家标准《混凝土结构设计规范》GB 50010 的有关规定；柱内侧纵向受力钢筋宜采用锚固板等机械锚固措施。

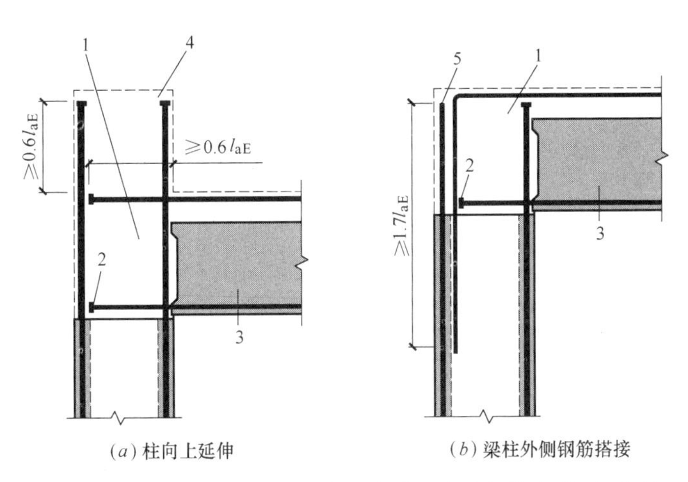

图 3-59　预制空腔柱及叠合梁框架顶层边节点构造示意

1—后浇区；2—梁下部纵向受力钢筋锚固；3—预制梁；4—柱延伸段；5—梁柱外侧钢筋搭接

(5) 当采用预制空腔梁时，梁下部受力纵向钢筋宜设置在空腔底部（图 3-60），钢筋在节点核心区的锚固及连接应符合现行国家标准《混凝土结构设计规范》GB 50010 的有关规定。

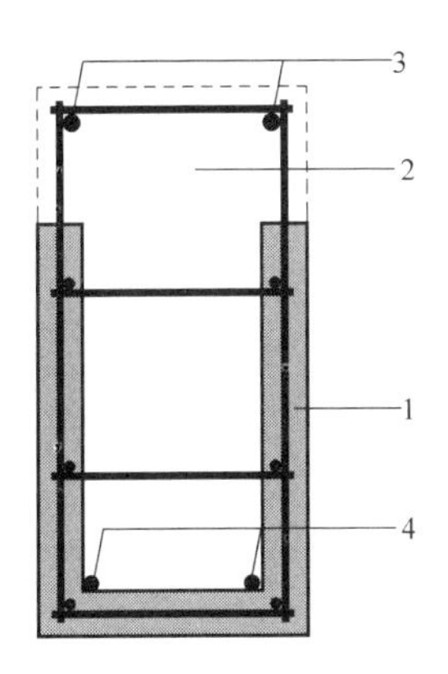

图 3-60　预制空腔梁钢筋配置示意图

1—预制部分；2—空腔部分；3—叠合梁上部受力纵筋；4—叠合梁下部受力纵筋

3.12　结构体系试验研究

针对叠合结构体系，我们做了大量的研究，各构件、各节点均完成对应的性能试验。

试验数据证明，叠合结构体系构造合理，可按照现浇进行结构分析及构件承载力计算。

3.12.1 叠合墙体抗震性能试验

在恒定竖向荷载作用下施加水平低周往复荷载（先力控制后位移控制），试件在层间位移角为1/300前后出现斜裂缝、边缘构件纵筋屈服，试件进入屈服状态；层间位移角为1/110左右时角部先后剥落、压溃，逐渐形成塑性铰并向内扩展，沿对角线的腹剪斜裂缝逐渐成为临界斜裂缝；最终因角部压溃与墙身临界斜裂缝共同作用导致丧失承载力，为弯剪破坏模式。本试件设计、构造合理，可按照现浇剪力墙进行结构分析和构件承载力计算（图3-61、图3-62）。

图3-61　试验加载装置

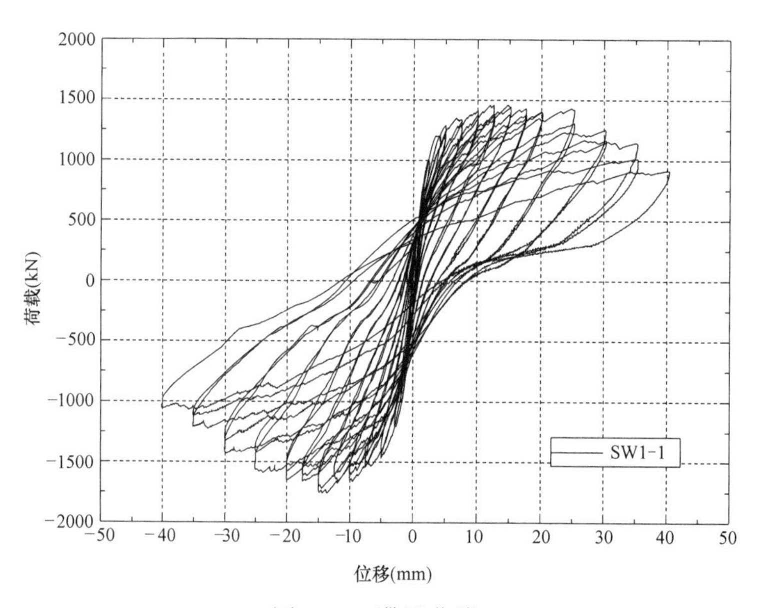

图3-62　滞回曲线

3.12.2　叠合柱大偏压性能试验构件

施加竖向荷载（先力控制后位移控制），试件在大偏心压力作用下，受拉侧钢筋首先屈服，随后受压侧混凝土逐渐出现压溃，受压区混凝土高度逐渐减小，最后导致试件破坏，为典型的大偏压破坏，与现浇柱的大偏心受压破坏特征一致，没有发生模壳与后浇芯部混凝土脱离、焊接箍筋破坏等情况，始终保持整体受力，跨中截面混凝土应变分布规律基本符合平截面假定（图 3-63、图 3-64）。

图 3-63　试验加载装置

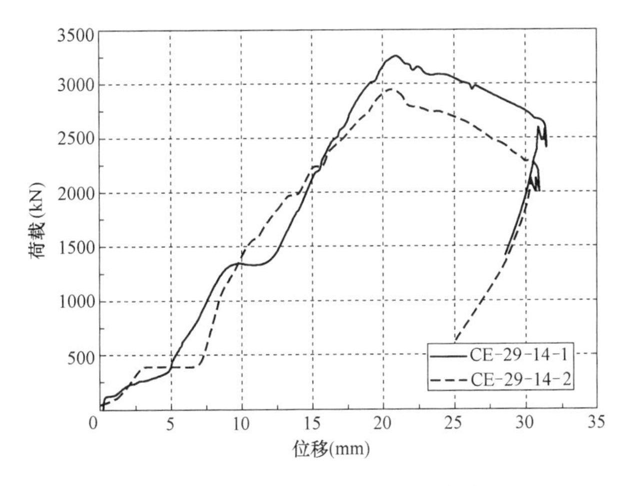

图 3-64　荷载—跨中位移曲线

3.12.3　叠合柱抗震性能试验构件

在恒定竖向荷载作用下施加水平低周往复荷载（先力控制后位移控制），试件在轴力与水平往复荷载作用下，发生受拉侧钢筋屈服、受压侧混凝土逐渐压溃，受压区混凝土高度逐渐减小，最后导致试件破坏，为典型的弯曲破坏，与整体浇筑的框架柱的弯曲破坏特征一致，试件底部后浇段与预制部分结合面开裂、柱根部水平接缝的开裂满足规范要求的正常使用极限状态的规定，竖向钢筋机械连接性能可靠（图3-65、图3-66）。

图3-65 试验加载装置

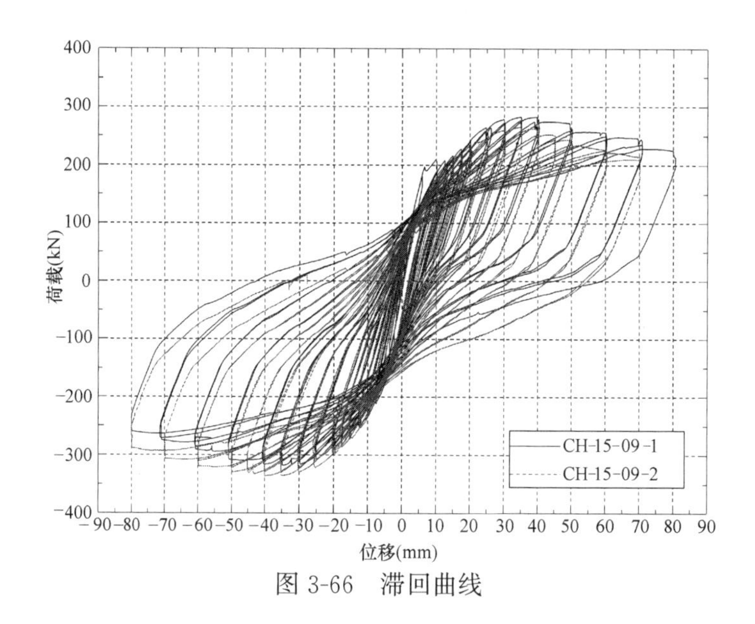

图3-66 滞回曲线

3.12.4 叠合梁受力性能试验构件（受弯）

竖向荷载作用下逐级加载，受弯试件有明显的屈服点，屈服荷载较大，受弯破坏试件中预制模壳没有发生与后浇混凝土脱离、叠合面破坏，模壳与芯部混凝土共同受力；叠合梁始终保持整体受力，符合相应受力工况的破坏形态，并与整体浇筑框架梁一致，承载力计算、裂缝控制、挠度验算可采用《混凝土结构设计规范》GB 50010 的相关公式计算（图 3-67、图 3-68）。

图 3-67　试验加载装置

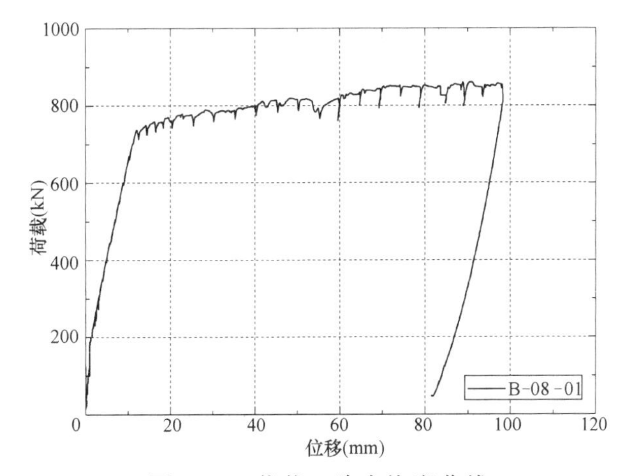

图 3-68　荷载—跨中挠度曲线

3.12.5　叠合梁受力性能试验构件（受剪）

受剪破坏试件模壳没有发生与后浇混凝土脱离；叠合梁始终保持整体受力，符合相应受力工况的破坏形态，并与整体浇筑框架梁一致；承载力计算、裂缝控制、挠度验算可采用《混凝土结构设计规范》GB 50010 的相关公式计算（图 3-69、图 3-70）。

图 3-69　试验加载装置

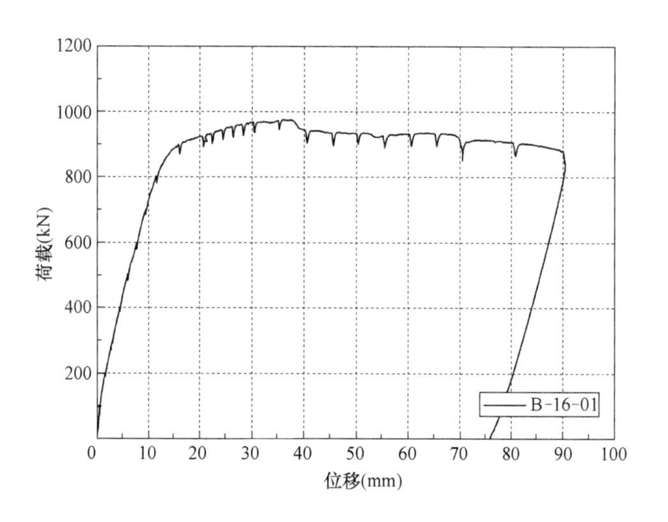

图3-70　荷载—跨中挠度曲线

3.13　预制构件制作图

3.13.1　预制构件制作图设计

预制构件制作图应与建筑、水暖、电气等专业以及建筑部品、装饰装修、构件厂等配合，做好构件拆分深化设计，提供能够实现的预制构件大样图；做好大样图上的预留线盒、孔洞、预埋件和连接节点设计；尤其是做好节点的防水、防火、隔声设计和系统集成设计，解决好连接节点之间和部品之间的“错漏碰缺”。

① 依据规范，按照建筑和结构设计要求和制作、运输、施工的条件，结合制作、施工的便利性和成本因素，进行结构拆分设计。

② 设计拆分后的连接方式、连接节点、出筋长度、钢筋的锚固和搭接方案等；确定连接件材质和质量要求。

③ 进行拆分后的构件设计，包括形状、尺寸、允许误差等。

④ 对构件进行编号。构件有任何不同，编号都要有区别，每一类构件有唯一的编号。

⑤ 设计预制混凝土构件制作和施工安装阶段需要的脱模、翻转、吊运、安装、定位等吊点和临时支撑体系等，确定吊点和支撑位置，进行强度、裂缝和变形验算，设计预埋件及其锚固方式。

⑥ 设计预制构件存放、运输的支承点位置，提出存放要求。

3.13.2 PC 构件制作图设计内容

（1）各专业设计汇集

预制构件设计须汇集建筑、结构、装饰、水电暖、设备等各个专业和制作、堆放、运输、安装各个环节对预制构件的全部要求，并在构件制作图上无遗漏地表示出来。

（2）制作、堆放、运输、安装环节的结构与构造设计

与现浇混凝土结构不同，装配式结构预制构件需要对构件制作环节的脱模、翻转、堆放；运输环节的装卸、支承；安装环节的吊装、定位、临时支承等，进行荷载分析和承载力与变形的验算。还需要设计吊点、支承点位置，进行吊点结构与构造设计。这部分工作需要对原有结构设计计算过程了解，必须由结构设计师设计或在结构设计师的指导下进行。

现行行业标准《装配式混凝土结构技术规程》JGJ 1 要求：对制作、运输和堆放、安装等短暂设计状况下的预制构件验算，应符合现行国家标准《混凝土结构工程施工规范》GB 50666 的有关规定。制作施工环节结构与构造设计内容包括：

脱模吊点位置设计、结构计算与设计、翻转吊点位置设计、结构计算与设计、吊运验算及吊点设计、堆放支承点位置设计及验算、易开裂敞口构件运输拉杆设计、运输支撑点位置设计、安装定位装置设计、安装临时支撑设计，临时支撑和现浇模板同时拆除、预埋件设计。

（3）设计调整

在构件制作图设计过程中，可能会发现一些问题，需要对原设计进行调整，例如：

1）当预埋件、埋设物设计位置与钢筋“打架”，距离过近时，会影响混凝土浇筑和振捣，需要对设计进行调整，或移动预埋件位置，或调整钢筋间距。

2）造型设计有无法脱模或不易脱模的地方。

3）构件拆分导致无法安装或安装困难的设计。

4）后浇区空间过小导致施工不便。

5）当钢筋保护层厚度大于 50mm 时，需要采取加钢筋网片等防裂措施。

6）当预埋螺母或螺栓附近没有钢筋时，须在预埋件附近增加钢丝网或玻纤网防止裂缝。

7）对于跨度较大的楼板或梁，确定制作时是否需要做成反拱。

装配式建筑构件预制构件安装临时支撑体系如表 3-8 所示。

（4）构件制作图

1）构件图应附有该构件所在位置标识图（图 3-71）。

2）构件图应附有构件各面命名图，以方便正确看图（图 3-72）。

3）构件模具图。

① 构件外形、尺寸、允许误差。

② 构件混凝土用量与构件重量。

装配式建筑构件预制构件安装临时支撑体系一览　　表 3-8

构件类别	构件名称	支撑方式	示意图	计算荷载	支撑点位置	支撑预埋件			
						构件		现浇	
						位置	构造	位置	构造
竖向构件	柱子	斜支撑、双向		风荷载	上部支撑点位置：大于1/2，小于2/3构件高度	柱两个支撑面（侧面）	预埋式螺母	现浇混凝土楼面	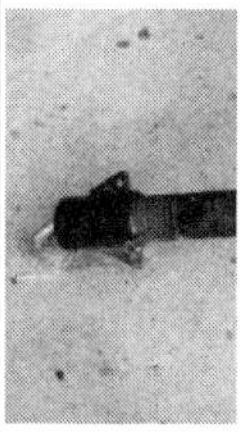
	剪力墙板	斜支撑、单向	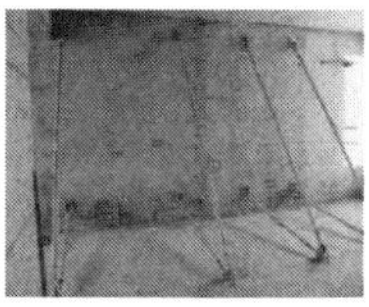	风荷载	上部支撑点位置：大于1/2，小于2/3构件高度。 下部支撑点位置：1/4构件高度附近	墙板内侧面	预埋式螺母	现浇混凝土楼面	
水平构件	楼板	竖向支撑	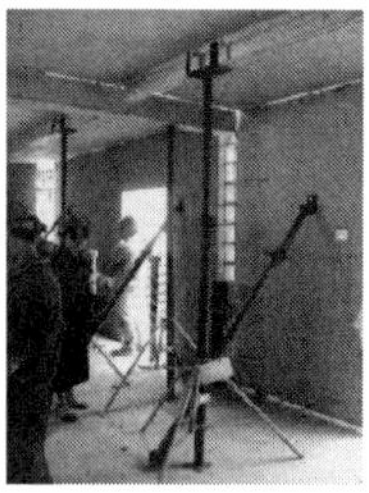	自重＋施工荷载	两端距离支座500mm处各设一道支撑＋跨内支撑（轴跨$L<4.8m$时一道，轴跨$4.8m \leqslant L<6m$时两道）	不用	不用	不用	不用
	梁	竖向支撑或斜支撑		自重＋风荷载＋施工荷载	两端各1/4构件长度处；构件长度大于8m时，跨内根据情况增设一道或两道支撑	梁侧支撑面		不用	不用
	悬挑式构件	竖向支撑		自重＋施工荷载	距离悬挑端及支座处300～500mm距离各设置一道；垂直悬挑方向支撑间距宜为1～1.5m，板式悬挑构件下支撑数不得少于4个。特殊情况应另行计算复核后进行设置支撑	不用	不用	不用	不用

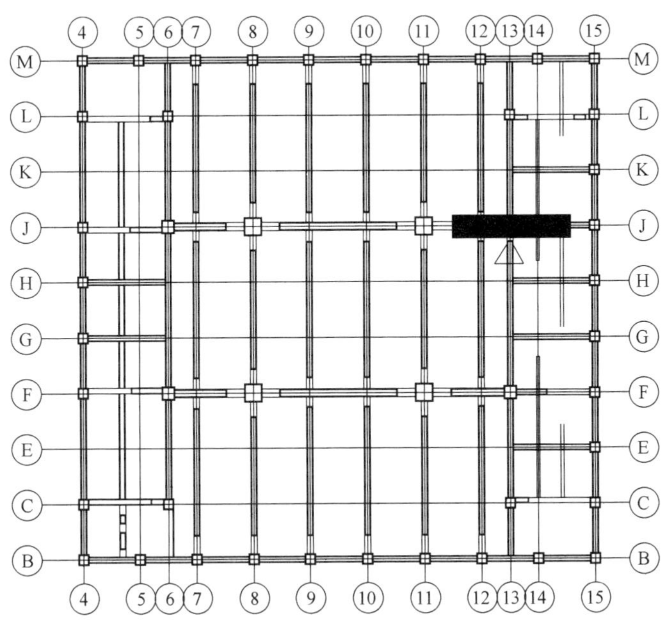

图 3-71　构件位置标示图（梁平面）

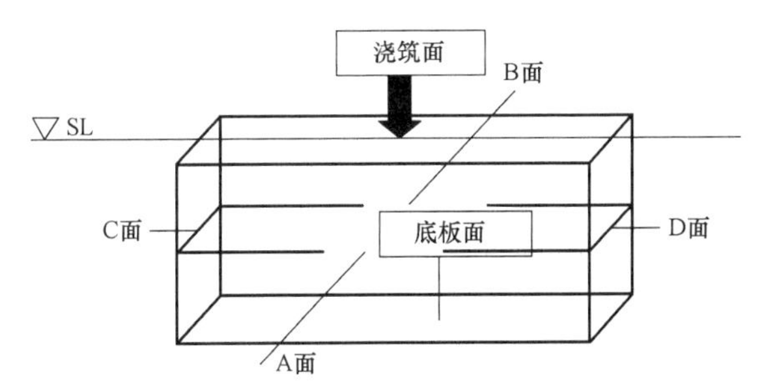

图 3-72　构件各面视图方向标示图

③ 使用、制作、施工所有阶段需要的预埋螺母、螺栓、吊点等预埋件位置、详图；给出预埋件编号和预埋件表。

④ 预留孔眼位置、构造详图与衬管要求。

⑤ 粗糙面部位与要求。

⑥ 键槽部位与详图。

⑦ 墙板轻质材料填充构造等。

4）配筋图除常规配筋图、钢筋表外，配筋图还须给出：

① 套筒或浆锚孔位置、详图、箍筋加密详图。

② 包括钢筋、套筒、浆锚螺旋约束钢筋、波纹管浆锚孔箍筋的保护层要求。

③ 套筒（或浆锚孔）、出筋位置、长度允许误差。

④ 预埋件、预留孔及其加固钢筋。

⑤ 钢筋加密区的高度。

⑥ 套筒部位箍筋加工详图，依据套筒半径给出箍筋内侧半径。

⑦ 后浇区机械套筒与伸出钢筋详图。

⑧ 构件中需要锚固的钢筋的锚固详图。

5）夹心保温构件拉结件。

① 拉结件布置。

② 拉结件埋设详图。

6）非结构专业的内容，但与 PC 构件有关的建筑、水电暖设备等专业的要求必须一并在预制构件中给出，包括（但不限于）：

① 门窗安装构造。

② 夹心保温构件的保温层构造与细部要求。

③ 防水构造。

④ 防火构造要求。

⑤ 防雷引下线埋设构造。

⑥ 装饰一体化构造要求，如石材、瓷砖反打构造图。

⑦ 外装幕墙构造。

⑧ 机电设备预埋管线、箱槽、预埋件等。

（5）产品信息标识

为了方便构件识别和质量可追溯，避免出错，预制构件应标识基本信息，日本许多预制构件工厂采用埋设信息芯片用扫描仪读信息的方法。产品信息应包括以下内容：构件名称、编号、型号、安装位置、设计强度、生产日期、质检员等。

3.14 SPCS 设计质量管理

3.14.1 设计模式及选择

各单位对自己承担的工作内容负责是最基本的要求，目前行业内存在如下设计模式，但 SPCS 体系项目建议采用“一体化模式”进行设计。

（1）分离模式：主体设计（从方案到施工图）+PC 深化设计的模式。

这种模式要求主体设计单位有比较丰富的装配式建筑的设计经验，把从方案到施工图阶段的装配设计内容全部闭合，模壳构件深化设计单位只做构件图的深化。对于只有 PC 深化图设计能力的单位来说，他们往往缺乏传统综合设计院的项目管理、设计和专业间协作配合的经验，尚不具备从方案到施工图这些设计阶段的咨询顾问能力，很难把装配建筑的要求有机、合理的契合进去。这样的模式后续的深化设计完全建立在主体设计院的前期设计基础上，如果没有充分做好前期的装配方案，会带来PC一体化集成设计的极大困难，很难落地实施。

（2）顾问模式：主体设计（从方案到施工图）+SPCS体系专项全程咨询顾问与设计模式。

顾问模式建立在专项设计单位具备完全的咨询顾问能力的基础上，打破了分离模式的界面壁垒。专项的咨询顾问需综合素质更高，不仅要熟悉设计各专业，而且要对项目从设计、生产、安装各环节了如指掌，对项目的成本、招采、管理各方面都要有相应的经验和知识储备，才能做好专项的咨询顾问和设计工作。

（3）一体化模式：全专业全过程均由一家设计单位来完成的模式，一体化模式比较有利于全专业全过程的无缝衔接、闭环设计。而这种一体化的服务模式也是笔者所倡导的，在这种模式下，对于建设单位来说，设计管控界面也会减少，有利于设计项目的组织与管理，也有利于商务招标采购等各方面工作的开展。

3.14.2　设计界面

（1）主体结构设计：考虑结构方案时必须充分考虑装配式结构的特点以及装配式结构设计的规程和标准的相关规定，满足《建筑工程设计文件编制深度规定》，为SPCS结构拆分设计打好基础。

（2）拆分设计：SPCS结构拆分设计要融合建筑结构方案设计、初步设计、施工图设计的各环节，不能孤立地分离成先后的阶段性设计，这是一个动态连续渐进的过程。在建筑方案设计阶段，要把SPCS体系特点充分地进行融合考虑，立面的规律性变化、平面的凹凸或进退关系、结构方案都要和体系特点有机地结合起来。

（3）构件设计：交付工厂生产的构件图的设计，是高度集成化、系统化的设计工作，结构构件本身只是个载体，构件上的精装点位线盒、线管预埋、脱模吊装吊点埋件、斜支撑所需预埋件、模板固定用埋件、外墙脚手架所需的预留预埋、一体化窗框预埋、夹心保温连接件布置等都要集成到构件图上。

3.14.3　对设计单位的责任和义务的具体规定

（1）应当严格按照国家有关法律法规、现行工程建设强制性标准进行设计，对设计质量负责。

（2）施工图设计文件应当满足现行《建筑工程设计文件编制深度规定》等要求，SPCS结构专业设计图纸包括结构施工图和预制构件制作详图。

结构施工图除应满足计算和构造要求外，其设计内容和深度还应满足预制构件制作详图编制和安装施工的要求。

预制构件制作详图深化设计，应包括预制构件制作、运输、存储、吊装和安装定位、连接施工等阶段的复核计算和预设连接件、预埋件、临时固定支撑等的设计要求。

（3）应当对工程本体可能存在的重大风险控制进行专项设计，对涉及工程质量和安全的重点部位和环节进行标注，在图纸结构设计说明中明确预制构件种类、制作和安装施工说明，包括预制构件种类、常用代码及构件编号说明，对材料、质量检验、运输、堆放、存储和安装施工要求等。

（4）应当参加建设单位组织的设计交底，向有关单位说明设计意图，解释设计文件。交底内容包括：预制构件质量及验收要求、预制构件钢筋接头连接方式，预制构件制作、运输、安装阶段强度和裂缝验算要求，质量控制措施等。

（5）应当按照合同约定和设计文件中明确的节点、事项和内容，提供现场指导服务，解决施工过程中出现的与设计有关的问题。当预制构件在制作、运输、安装过程中，其工况与原设计不符时，设计单位应当根据实际工况进行复核验算。

3.14.4 SPCS结构设计质量管理的要点

采用SPCS体系的建筑项目开发建设管理与传统现浇项目相比，有着显著的不同，在设计环节的管理自然也与传统项目不同。采用SPCS体系的建筑项目设计几个显著的特征是：工作的前置性要求、工作的精细化要求、工作的系统化集成化要求。与PC相关的设计内容都要一次性集成成型，不能等预制构件生产制作好了再来修改，SPCS设计容错性差，基本上不给设计者犯错误、修改的机会。下面从设计质量管理、保证设计质量方面提出一些管理要点，供读者参考。

（1）结构安全问题是设计质量管理的重中之重

由于SPCS结构设计与建筑、机电、生产、安装等高度一体化，专业交叉多、系统性强，故对一体化过程中涉及的结构安全问题应当慎之又慎，加强管控，形成风险清单式的管理。例如，夹心保温连接件的安全问题、关键连接节点的安全问题等。

（2）满足《建筑工程设计文件编制深度规定》的要求

《建筑工程设计文件编制深度规定》作为国家性的建筑工程设计文件编制工作的管理指导文件。对装配式建筑设计文件从方案设计、初步设计、施工图设计、PC专项设计文件编制深度做了全面的补充，SPCS体系的设计图纸深度也需满足这些要求，确保各阶段设计文件的质量和完整性。

（3）编制统一技术管理措施

根据不同的项目类型，针对每种项目类型的特点，制定统一的技术措施，对于设计工作的开展和管理，均有非常积极的推动和促进作用，避免了由于人员的变动所带来的设计项目质量的波动，甚至在一定程度上可以抹平设计人员水平的差异，使得设计成果的质量趋于稳定。

（4）建立标准化的设计管控流程

SPCS体系项目的设计工作，通过协同配合机制，制定标准化设计管控流程，对于项目设计质量提升，加强设计管理工作大有裨益。在实际项目设计过程中，可以根据项目的具体情况，动态地进行调整和总结分析。当从二维设计时代过渡到三维设计时代时，一些标准化、流程化的内容甚至可以融入软件加以控制，形成后台的专家系统，保障设计质量。

（5）建立本单位的设计质量管理体系

在传统设计项目上，每个设计院都已形成了自己的一套质量管理标准和体系，比如校审制度、培训制度、设计责任分级制度，在实际的项目上都可以沿用。针对SPCS体系的特点，可以进一步扩展补充，建立新的协同配合机制、质量管理体系。

（6）采用BIM设计

从二维提升到三维，是不可阻挡的趋势，国家和地方都已经陆续出台信息模型的交付标准。按照《装配式混凝土建筑技术标准》GB/T 51231—2016第3.0.6条要求：装配式混凝土建筑宜采用建筑信息模型（BIM）技术，实现全专业、全过程的信息化管理。SPCS体系，构件立体感更强，采用BIM技术对提高工程建设一体化管理水平具有重要作用，可以极大地避免人工复核带来的局限性，从根本上提升设计质量，提升工作效率。

3.14.5 SPCS结构设计的协同管理

SPCS设计是高度集成化、一体化的设计，项目的各环节都要高度的协同和互动。建筑、结构、水、暖、电、精装设计等各专业需协同作业，铝合金门窗、幕墙、PC工厂、施工安装等各单位在设计、生产、安装各环节需紧密互动，形成六个阶段（即方案设计、初步设计、施工图设计、深化图设计、生产阶段、安装阶段）完整闭环的设计。集成结构系统、外维护系统、设备与管线系统、内装系统，实现建筑功能完整、性能优良。

按项目推进的时间轴，以剪力墙住宅项目为例，对采用SPCS体系的项目，提供设计各阶段协作互动工作内容（表3-9），供读者参考。

为简化表述，表3-9中协同作业各方以字母代替如下：

A—方案设计单位；B—施工图设计单位；C—PC顾问单位；D—精装设计单位；E—铝合金门窗单位；F—PC构件厂；G—施工总包单位；H—集成应用材料供应单位（例如，夹心保温连接件等）；J—建设单位（甲方）。

SPCS一体化设计协作互动进程表 **表3-9**

阶段	互动协作内容	备注
概念方案阶段	从整个小区的总体规划布局、单体平面布置、户型设计、立面风格、楼型组合控制等方面，宏观上将装配式建筑的一些基本标准化设计要求、平面布置特性，立面特征、运输路线安排等结合起来进行综合考虑。为项目的落地实施打好先天基础	
方案阶段	A将阶段性成果：如户型设计、平面组合、立面、典型剖面、总平面规划布局、楼型组合等提资给B及C	以互提资、阶段性会议、书面反馈、书面确认等方式开展相关协作互动工作
	A、B将确定实施版建筑方案、结构方案(试算模型及结构布置图)提资给C	
	C提出优化反馈意见给B和A	
	C提交PC方案专篇内容给A、J；B提交各专业方案内容给A、J	
	A汇总各专业内容，提交方案设计文本供J方案报建报批用	
	J取得方案批复文件，组织安排A、B、C进行方案深化和修改工作	
总体设计阶段	B开展总体设计工作	以互提资、阶段性会议、书面反馈，书面确认等方式开展相关协作互动工作
	B将实施版的建筑平、立、剖面图，结构确定的计算模型和结构方案布置提资给C	
	C提出优化反馈意见给B	
	E单位和C、D、E、J单位一起就窗框一体化方案、门窗栏杆方案、精装方案等进行初步沟通	
	C提交PC总体设计专篇内容给B、J	
	B汇总各专业内容，提交总体设计文本，供J报批总体设计用	
	J拿到总体设计文本	
	J取得总体设计批复文件，组织安排B、C进行总体设计深化和修改工作	
施工图阶段设计	A将调整好的三维信息模型、效果图等提资给B、C	与PC相关的重点关注内容： 1)结构。与PC构件相关配筋信息、构件的外形控制尺寸信息、构件材料信息等。 2)建筑。施工图深度的平面、立面、剖面、PC外墙处的墙身详图、面层做法等
	B将阶段性建筑、结构成果提资给C	
	D反馈精装要求给B	
	B、D将施工图阶段落实好的一体化装修集成内容提交给C	
	E、B将铝合金门窗、栏杆等与PC相关的要求反馈给C	
	B单位将明确的阶段性施工图内容提资给PC(建筑，平、立、剖面图，PC处墙身大样；结构，PC相关位置结构施工图；设备专业，PC相关位置预埋预留点位)	
	H将集成应用材料(如夹心保温连接件)的技术及构造要求提资给C	
	C反馈意见给B、E、D、H	
	C提交PC相关需要送审成果内容给B、J	

续表

阶段	互动协作内容	备注
施工图阶段设计	B 汇总各专业内容,提交施工图送审文件,供 J 报施工图审查	3)设备专业。水暖电的在 PC 外墙、楼板、阳台、PC 剪力墙等上面的预留预埋点位
	J 拿到完整施工图设计文件并送审	
	B、C 配合施工图审查单位审查,对审查意见进行澄清和修改	
	C 提交 PC 招标图给 J,供 J 进行 PC 厂家招标	
PC 深化图设计阶段	B 将审图意见修改完后终版图纸提交给 C	最终提交深化图成果深度满足工厂进行模具设计,开模生产,满足后续现场安装需要的所有需求
	E、B、J 最终确认铝合金门窗、栏杆预埋预留点位,将确认版提资给 C	
	D、B、J 最终确认装修预埋预留点位,将确认最终版提资给 C	
	F 将特殊生产工艺要求(若有)反馈给 C	
	G 将脚手架方案预留预埋要求、模板预埋件点位、人货梯预留位置、塔式起重机布置方案,塔式起重机扶墙撑位置等提资给 C	
	C 汇总 B、D、E、F、G、J 各方资料并及时给出反馈,完成 PC 深化图设计	
	C 提交完整的 PC 深化设计图	
生产阶段	C 对 F 做好技术交底和图纸会审工作,对 F 模具设计工作中的疑问进行澄清和修正,协助配合解决 F 在生产过程中出现的各种细节问题,以保证工程质量与进度。结合实际情况,协助 J 对 PC 生产过程中的质量与进度进行管控。对一些其他专业、材料供应单位新出现的变更或修改,及时做出深化图图纸的变更修改工作。对运输和堆放方案提出设计建议和要求	
安装阶段	C 对 G 做好技术交底和图纸会审工作,对 G 在制定施工安装方案工作中的疑问进行澄清和修正,协助配合解决 G 在施工安装过程中出现的各种细节问题。结合实际情况,协助 J 对 PC 安装过程中出现的问题提供技术支持。对一些其他专业、材料供应单位新出现的变更或修改,及时做出深化图图纸的变更和修改工作(尽量避免,不可避免时,要及时做出响应,将修改成果第一时间反馈给 F、G)。对吊装方案、堆场堆放方案、塔式起重机布置方案、脚手架方案给出设计的建议和要求	

SPCS 结构设计协同配合流程如图 3-73 所示,供读者参考。

3.14.6　SPCS 结构图纸审核

SPCS 设计是系统化的设计,不仅包含结构专业施工图和深化图设计,而且包含建筑、机电一体化的设计内容,还包含生产、运输、施工安装等一体化集成的要求。设计图纸包含内容较多,对图纸的准确度要求更高,图纸审核就显得尤为重要。

(1) SPCS 结构专业的审核重点

SPCS 结构设计首要的问题是结构安全问题,从装配式建筑目前的发展情况看,

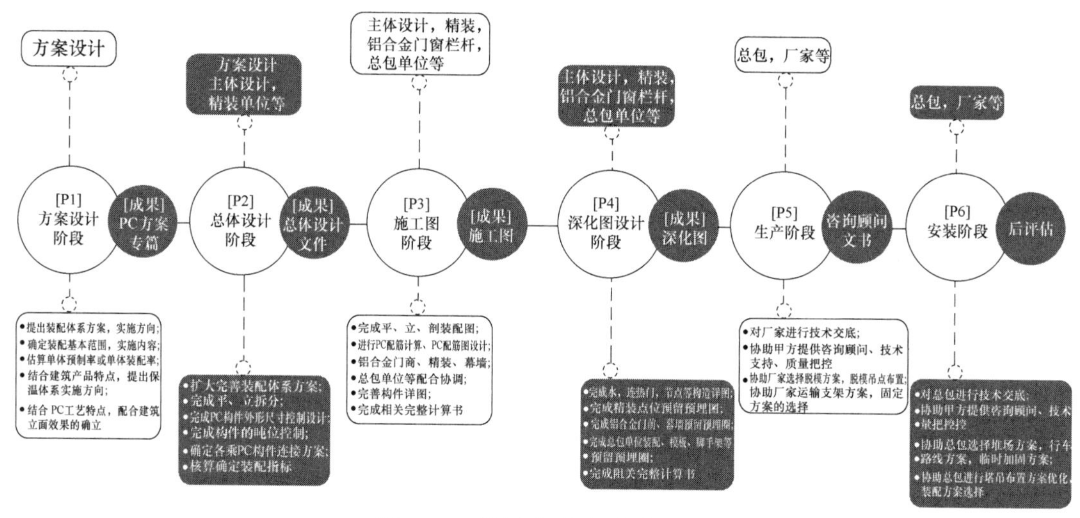

图 3-73　设计协作配合流程图

容易出现的关系结构安全的重要问题有：

1）夹心保温外墙保温拉结件。拉结件的安全问题应当引起高度的重视，外页钢筋混凝土墙板一般情况下重量均较大，若因为设计选用不当、拉结件锚固失效，造成的事故将是灾难性的，带来的社会负面影响将是巨大的，对行业发展十分不利。试想一下：一个小区只要一块墙板掉下来，整个小区还有人敢住吗？每块外墙板都是定时炸弹，你不知道它什么时候会掉下来。因此，在夹心保温的设计应用上要以非常慎重的态度来对待。《装配式混凝土结构技术规程》JGJ 1—2014 第 4.2.7 条也提出了拉结件的相关性能应经过试验验证的要求。夹心保温墙板的设计构造应和受力机理相吻合，即非组合墙板（图 3-74）的设计构造应符合外页墙不参与内页墙受力分配的特点，组合墙板（图 3-75）的强连接构造使得内外页墙板是共同受力的；同样的，拉结件有的适合组合墙，有的适合非组合墙，拉结件的选择和受力原理也要相匹配。在拉结件材料的选择上，也有存在错误使用的情况，比如采用未经防锈处理的钢筋作为保温拉结件，保温层中会因为温差变化、水汽凝结造成钢筋氧化锈蚀，其耐久性无法得到保证，根本达不到和结构同寿命，而且无法维修替换；因此，对于夹心保温墙板的设计构造和拉结件的选择，应当引起高度的重视。

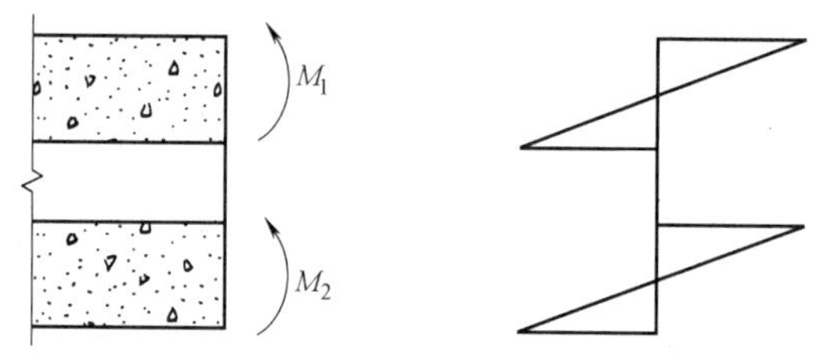

图 3-74　非组合墙受力机理

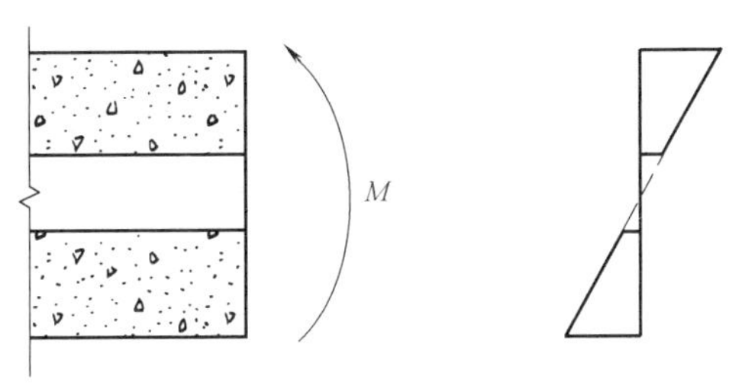

图 3-75　组合墙受力机理

2）一些关键连接节点、关键部位是否设计到位。重点连接部位有没有做好碰撞检查，是否会给后续的安装环节留下安全隐患和犯错的动机。避免这些关键部位互相干涉导致施工困难、工人偷偷割钢筋的情况出现。类似这些装配式的关键节点设计都要作为非常重要的工作来抓，对一些认识还不是很准确、把握性不大的关键连接节点，甚至要进一步请专家进行专项论证，确认安全可靠后方可用于工程。在设计质量管控上，我们可以将结构体系的关键设计要点列出清单，做出风险评估，根据风险大小和可控性做出优化路径选择。

3）装配设计构造是否合理，填充墙改为预制构件对主体结构刚度是否有影响，对填充墙预制构件刚度影响采取合理的应对措施。

4）计算分析没有覆盖全生命周期工况，一个部品构件从 PC 工厂制作脱模、翻转、存放、运输，直到装配安装形成完整结构体系，受力工况是多样的，应对全工况进行包络分析。对于关键的节点和关键环节，设计还应当有相应的技术性要求和说明，不给后续环节处理不当留下机会，如临时固定、临时支撑的设置要求等。

5）超过规范规定的设计。因为建设项目类型差异性和多样性，不可避免地存在超出现行规范规定的情况，例如超过规范规定结构类型、连接类型、预制装配范围等。对于超规范的设计要做好充分的判断和专家论证，采用可靠措施后实施，不留下结构安全隐患。另外，对项目采用装配时可能存在的重大风险也应提出专项设计要求。

（2）专业间综合审核重点

SPCS 结构设计综合性强，具有高度系统化集成的特点，容错性差，一体化设计、一次成型要求高。这就使得 SPCS 设计必须要进行综合性审核，应将问题解决在设计环节。专业间的综合审核关注重点如下：

1）建筑结构一体化问题。

① 外墙保温与结构一体化。

外墙保温设计是个难题，目前的常规做法是外保温、内保温、夹心保温这三种，这三种做法都有各自的局限性。外保温做法所存在的问题在各地都越来越多地出现，质量隐患已经逐步显露，例如保温材料耐火性能问题，与外墙结构支撑体粘结不牢固，耐久性不足，外墙外保温老化脱落等问题，住房城乡建设部公告废止了《膨胀聚苯板薄抹灰外保温系统》JG 149—2003标准，该标准从2017年8月1日起正式停止执行；而采用内保温做法，在后续装修升级时会带来内保温被破坏的问题，不容易保护维修；现在很多地方政府都鼓励实施夹心保温一体化，夹心保温体系构造设计与结构受力机理要相匹配，否则也很容易带来安全隐患。另外，夹心保温的保温材料想要达到与主体结构一样的使用年限目前还无法实现，而保温层到达耐久年限后，保温失效该如何替换维修，目前还没有特别有效可行的解决方案。随着材料科学的发展，将一些保温隔热材料像混凝土添加剂一样通过一定的配比掺入结构的混凝土，或许是真正外墙保温一体化的解决方案，这种“保温添加剂”要求对混凝土的强度和耐久性不会带来负影响，或者负影响在可控范围之内。PC外墙保温做法需要注意PC表面与保温层材料可靠粘结的问题，工程上有的采用在模台面涂刷缓凝剂，待PC外墙脱模起吊后，用高压水枪冲刷表面，使得粗骨料露出，来增强与保温粘贴层的粘结强度；也有的将PC外墙构件反转生产，将保温材料粘贴面放在浇筑面，在初凝前对表面进行粗糙面处理。

② 外墙PC接缝防水及密封材料选用问题。

外墙PC接缝处是外墙防水的薄弱环节，其中墙底水平接缝的防水构造尤其重要，节点构造设计上应设多道防水，第一道就是空腔外的耐候密封胶的材料防水；第二道是接缝底部灌浆料的灌浆层，灌浆结合层既是结构受力连接层，也是外墙防水非常关键的部位，灌浆层的密实度就显得非常的重要。如果在夹心保温墙板中容易形成积水的情况下，还应有排水构造设计。除此之外，还应考虑接缝密封胶宽度与结构层间变形的协调问题，以及接缝密封胶合理选用。

③ 幕墙系统与SPCS一体化问题。

对于低密度的住宅产品，或高层住宅的底部楼层，外立面上经常会有石材幕墙的使用需求，应将石材幕墙系统与SPCS外墙进行一体化考虑设计。尤其是在夹心保温外墙中，石材幕墙的使用难度更大，在受力上，石材幕墙的竖向荷载，不希望传递给外页墙板，再通过夹心保温拉结件传递给整个支承体（内页墙板）上。石材幕墙的埋件设计要考虑使石材幕墙荷载直接传递给受力的内页墙板，确保拉结件不承担额外荷载，不影响内外页墙板的设计构造。

④ SPCS外墙与建筑立面效果问题。

SPCS结构结构外墙的接缝会直接呈现在建筑外立面上，这是个不容忽视的立面效果构成元素。在方案设计、初步设计阶段就应该结合建筑方案和结构方案进行一体化考虑。对于外墙采用面砖一体化反打技术的PC外墙，还应进行石材面砖的分割排版设计、对缝设计等。如果是夹心保温外墙面砖反打，还应对夹心保温连接的影响进行审核分析，对整个技术方案进行评估论证。

⑤ 建筑标准化与SPCS一体化问题。

在建筑方案设计阶段、初步设计等阶段，按照体系特点，对建筑标准化、模数化设计提出反馈意见。例如，建筑平面凹凸对单面叠合外墙的影响，建筑立面线条造型对单面叠合外墙的影响，以及楼型组合关系、组合类型控制等都应提出一体化、标准化设计的建议和反馈，使项目有效地落地实施。

2）机电设备与 SPCS 结构一体化问题。

机电设备与 SPCS 结构结构一体化设计，要充分考虑水、暖、电各专业在预制构件上的预留预埋点位是否遗漏、是否埋错位置、是否与结构预埋连接件、钢筋冲突等问题，避免冲突碰撞带来后期的凿改，影响结构的安全。尤其对预留洞口是否会削弱结构构件应重点进行审核确认，例如空调留洞穿梁、厨房排烟留洞等是否满足结构要求，是否采取了加强措施等，应对此进行审核。

3）工厂生产、施工安装与 SPCS 结构一体化问题。

工厂生产、施工安装所需的预留预埋条件是否满足后续生产、施工安装的要求，需要前期一体化考虑到位，避免后面凿墙开洞带来对结构构件安全带来影响。例如，脚手架在 SPCS 结构上的预埋预留是否遗漏、是否偏位；塔式起重机扶墙支撑、人货梯拉结件与 SPCS 结构的支承关系是否经过确认，是否复核验算稳定和承载力；脱模吊点、吊装吊点设置是否合理，最不利情况是否包络，吊点是否经过计算复核等，这些都是 SPCS 结构一体化设计与生产安装需要集成考虑、重点审核的内容。

3.14.7　SPCS 结构设计容易出现问题的应对措施

SPCS 体系是由三一筑工自主研发的新型结构体系，其从试点示范到全面应用，需要一定时间的实践和经验总结，汇聚广大工程界从业者的智慧和经验，才能做得更好，真正地发挥其质量好、效率高、节约人工的优势。

从现阶段的实践情况看，针对 SPCS 设计可能出现的问题，可以从以下几个角度进行分析和寻求解决的方法。

（1）设计单位角度

设计质量管理的核心是技术质量管理、协同管理，形成行之有效的设计质量管理体系和机制，是确保 SPCS 结构设计质量的源头。

1）建立适合 SPCS 体系的设计管理机制

在传统设计项目上，已经形成了非常系统的设计协调机制，很多大型设计院都有自己特色的管理流程、质量保证体系，甚至开发了各种软件系统平台、专家系统辅助和强化设计质量管理系统。在 SPCS 体系设计项目管理上，目前还缺乏相关系统性的管理经验，随着时间的推移，人才的培育和流动以及实践经验的积累，一定会逐步走向正轨，逐步建立起适合 SPCS 体系设计的管理流程和机制。

应尽早形成BIM正向设计流程和协同机制，这是解决SPCS结构设计问题、确保设计质量的有效途径。BIM是一种工具，需要各专业具备设计经验、设计能力的设计师来驾驭才能真正实现它的价值。当下一些“翻模BIM”“后BIM设计”不能真正解决设计问题，效率不高，价值不大。

2）强化新型体系设计意识

必须强化沟通协调意识，改变以前传统的现浇由施工安装单位在现场整合集成，若有遗漏或者错误采用砸墙凿洞修正的粗放工法。

3）建立SPCS结构特有的问题解决机制

遵循体系的特点和规律、建立SPCS结构的问题解决机制。SPCS结构内有很多暗埋的连接件，不能允许随意砸墙凿洞、植入后锚固件。在目前阶段，经常发生施工安装现场出现问题后，施工安装工人自行将钢筋剪断的现象，对于这种不规范作业的情况，从甲方、设计、施工、监理等各方都尤其应该加强管理，政府主管部门也可尝试从政策法规上进行强制规定规范作业要求；另一方面，要大力培育产业工人，强化专业培训，提高从业人员的专业性。现场遇到问题，要形成第一时间反馈报告制度，解决方案和采取的措施应报设计单位核定，或由设计单位出具解决方案，不能由施工工人自行擅自处理。

（2）建设单位角度

建设单位在项目开发中起决定性作用，项目的产品定位、实施路线、专业团队选择等都需要由建设单位最终决策，所有的乙方都应围着建设单位出谋献策，贡献各自的专业技能和智慧，所以，建设单位的协同组织和决策起着非常关键的作用。

1）制定SPCS项目标准化作业手册

建设单位可以组织相关的参建单位对自己的产品线进行深度研发，从开发管理流程、设计管理流程、施工管理流程等各方面进行标准化作业手册的制定，这也是避免设计环节出现问题的强有力措施。

2）制定合理的设计周期

设计一体化、精细化的要求，需要有足够的人力和时间投入完成，与传统粗放的现浇作业方式的设计周期是无法等同的。目前的现实情况与媒体上宣传的省工期、省人工、省造价的理想状态还是存在差距的，建设单位不能被误导，应给予装配式建筑设计合理的设计时间，充分做好前置的一体化、精细化的设计工作，真正地避免后续环节出现差错，提高后续环节的工作效率，降低修正错误的代价。

3）给予设计对等的设计费

充分考虑新体系设计工作量的不同，给予相应对等的设计费，选择有经验的设计单位，并强化设计先行的保障意识，从设计源头上尽可能避免问题的产生。

4）采购 BIM 服务

目前一些设计单位为了获取整体设计业务，有的采取免费赠送 BIM 设计的方式，往往没有真正地实施 BIM，都是后面进行翻模，送一个使用价值不大的 BIM 模型。甲方应从质量控制角度出发，采购有能力的设计单位，实施正向的 BIM 设计，让设计院拥有更多经费，未来整合更多资源，真正把 BIM 做起来，发挥其积极作用。

第 4 章　装配整体式 SPCS 结构预制构件生产

装配整体式 SPCS 结构的预制构件在工厂生产、加工并运至工地现场完成安装。为满足预制空腔墙与预制空腔柱的配套生产，三一自主研发了翻转机、墙体钢筋笼成笼设备、空腔柱成型设备和专用模具、空腔柱钢筋笼成型设备，并开发了国内首套空腔预制墙智能生产管理系统，形成了 SPCS 成套装备生产线。该生产线技术先进，能实现 BIM 模型驱动生产、机器人自动拆（布）模、智能布料、自动翻转、高精度合模、智能养护、智能化钢筋笼成型焊接。本章将在阐述 PC 构件生产制作工艺的基础上，重点介绍 SPCS 体系构件的生产方法。

4.1　预制构件模具设计与制作

预制构件模具，是指经过机械加工的钢材、铝合金或其他复合材料等通过组合及有效的连接使混凝土成型的一种工业产品。模具加工是预制构件生产的第一步，也是生产准备工作中最重要的环节。

4.1.1　模具分类

模具由底模和侧模构成，底模为定模，侧模为动模，模具要易于组装和拆卸。模具有多种分类方法，模具按照材料进行分类如下。

1. 钢材

因为钢材的力学性能良好，目前钢模具在市场上是应用最广的模具材料之一。钢模具一般采用焊接以及螺栓连接两种连接方式。SPCS 体系构件因其不出筋设计，适合采用钢制磁性边模，通过自动拆（布）模机器人全自动组装（图 4-1）。

图 4-1　自动拆（布）模机器人安装不锈钢磁性边模

2. 铝材

铝制模具一般作为钢材的替代品，具有密度小、不易受到腐蚀等钢材不具备的优良性能。

3. 水泥基材料

水泥基材料采用混凝土，所以成本较为低廉，比较适用于对使用寿命要求不高或者构件复杂的模具。

4. 塑胶材料

近些年塑胶材料得到高速发展，应用范围也越来越广，主要是利用 PE 废旧塑料和粉煤灰、碳酸钙等生产的模具。

5. 木材

木材模具使用较为少见，多用于无须蒸汽养护且使用寿命要求低的构件模具。

6. 玻璃钢

玻璃钢常用于质感与构造较为复杂的构件模具。

4.1.2　预制构件模具材料的优缺点

目前主流的叠合体系构件与 SPCS 体系构件的模具均主要使用钢材与铝材。叠合楼板的生产亦可采用玻璃钢模具。

1. 钢制模具

钢制模具是市场上应用最广泛的材料，具有诸多优点：

(1) 钢材强度大，刚度大，对抗剪力和拉应力具有优良的表现，使用寿命长，周转次数大。

(2) 钢材较为平整，出模精度高，外观整洁平整。

(3) 钢材模具拆装较为便利。

(4) 钢材可以回收利用，绿色环保。

钢制模具的缺点也较为明显：

(1) 造价昂贵，加工成本较高。

(2) 钢材密度较大，重量重，工人劳动强度大。

(3) 钢材易受到电解腐蚀，维护费用较为昂贵。

2. 铝合金模具

(1) 铝合金模具多应用于立模、边模，具有以下优点：

① 铝的密度很小，仅为 $2.7g/cm^3$，重量轻。

② 铝的表面因有致密的氧化物保护膜，不易受到腐蚀。

③ 铝材可回收利用。

④ 铝材表面平整光滑，精度较高，构件浇筑观感好、质量高。

（2）铝合金模板的缺点主要在于：

① 前期一次性投入相对较大。

② 构件制作过程中，设计变更不宜过多。

③ 因透气性差，若振捣不足或隔离剂涂刷不到位，易导致构件表面出现气泡或脱皮现象，初始浇筑观感质量差。

4.1.3 模具设计

1. “四项”设计基本原则

（1）模块化设计原则

模具设计应符合模块化的要求，使其可以“一模多用”，即一套模具生产多种构件，从而大幅降低模具成本。

（2）操作简单化原则

在生产过程中，组模和拆模不仅是影响生产效率的主要因素，同时还会对构件成品外观质量造成影响。所以，模具的设计尽量追求操作的简单化、易拆装性。

（3）材料轻量化原则

在模具的生产过程中，材料在满足强度，刚度，韧性等力学性质的情况下，应尽量减少材料的使用量，既能减轻重量，又能降低成本。

（4）智能化原则

在模具的设计过程中，应考虑到通过构件边模、侧模的简单调整即可满足不同尺寸构件生产的需要，这样不仅可以提高模具的周转率、提升经济效益，更能从场地、材料等方面节约资源。

2. 模具设计内容

模具设计包括的主要内容有：

（1）确定模具使用的材料及基本模数。

（2）确定模具的分缝位置及分缝处的连接方式。

（3）确定模具与模台的连接、固定方式。

（4）确定模具拆模与组装方案。

（5）确定模具强度、刚度，对模具厚度、肋板位置进行设计。

（6）确定出筋位置及模具预留孔位置。

（7）确定模具应具有足够的承载力、刚度和稳定性，保证在构件生产时能可靠承受浇筑混凝土的重量、侧压力及工作荷载。

（8）对立模需要进行稳定性验算。

4.1.4　模具制作

1. 模具制作趋势

（1）专业化模具制造

因传统现浇会在施工现场自行支设模板，受其影响，长期以来，有一些 PC 工厂会采用非标准化金属材料自行加工模具，这样不但无法保证构件生产质量，更会导致一些生产安全隐患。因此，选择专业化模具制造公司科学设计出来的模具是很有必要的。SPCS 体系对构件制作精度要求高，更需要专业化模具制造公司提供专业模具。

（2）高质量模具制作

模具制作、组装的精度直接决定了构件成品的质量与精度。SPCS 体系构件较主流装配式结构体系构件制作精度要求更高，如空腔柱纵筋位置，预制空腔墙内、外页墙板相对位置等都要求较高的生产精度。因此，高质量、高精度的模具制作已经成为生产合格 PC 构件的必要前提。随着技术的进步，建议选择采用三维软件进行模具设计，不但可以使整套模具设计体系更加直观化、精准化，同时便于对 PC 工厂进行更加形象化的模具展示，使用其进行技术交底。

（3）加工方式自动化

随着 PC 构件模具需求量的增加、质量要求日益提高以及机械化加工方式的成熟，模具的加工制造已经由传统的工厂师傅手工打造转变为通过 CAD/BIM 软件设计、CA 编程、CNC 加工工件的标准化、现代化生产模式。

2. 模具制作要求

模具制作的一般规定：

（1）模具应具有足够的强度、刚度和稳定性，保证在构件生产时能可靠承受浇筑混凝土的重量、侧压力及工作荷载。

（2）模具应拆装方便，且应便于钢筋安装和混凝土浇筑、养护。

（3）模具所采用的隔离剂应具有良好的隔离效果，且不得影响脱模后混凝土表面的后期装饰。

除此之外，SPCS 构件模具还应注意：

（1）预制空心墙构件生产宜采用标准化定型侧模，侧模宜包含磁性固定装置；预制空心柱构件生产宜采用与预制空心柱界面相符且长度可调的专用模具。

（2）预制构件中预埋门窗框时，应在模具上设置限位装置进行固定，并应逐件检验；门窗框安装偏差和检验方法应符合现行国家标准《装配式混凝土建筑技术标准》GB/T 51231的有关规定。

4.1.5 模具的基本构造

模具设计图纸与构造如图4-2、图4-3所示。

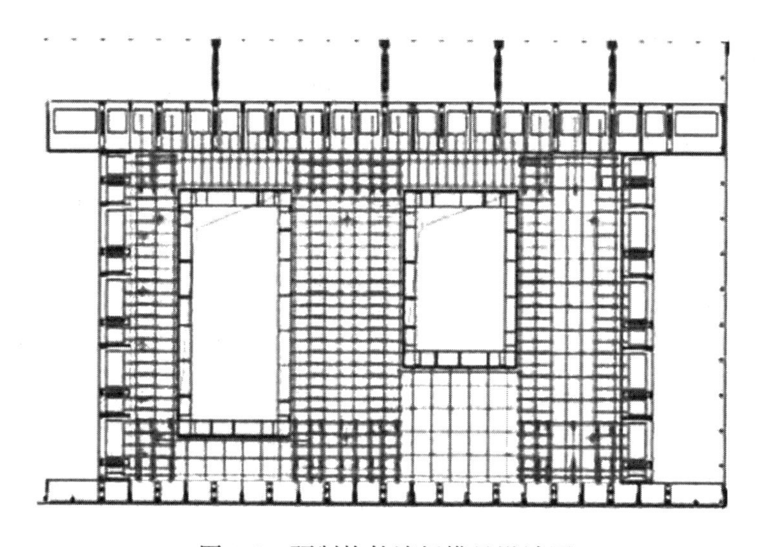

图4-2 预制构件墙板模具设计图

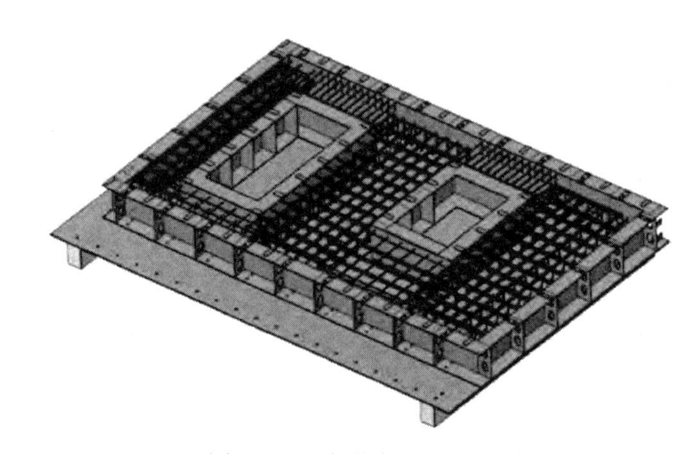

图4-3 预制构件墙板模具

4.1.6 SPCS体系预制空腔墙模具简介

SPCS预制空腔墙宜采用不锈钢标准化定型侧模，可通过SPCS全自动生产线自动拆布模机器人进行自动拆（布）模，可大量节约成本。不锈钢标准化定型侧模如图 4-4 所示。

图 4-4　不锈钢标准化定型侧模

4.1.7　模具的质量验收

1. 模台验收

为确保构件生产质量，应在模具拼装之前对模台进行水平度校验，之后每生产 10 件检查一次。

模台平整度建议：在模台上任意直线距离不超过 3m 的两点，其高低误差不得超过 2mm。

2. 模具验收

新模具组装后，必须进行质量验收，合格之后方可用于生产，之后每次改模均应对同一形状构件的模具进行检查，每生产 10 件检查一次。

模具应安装牢固、尺寸准确、拼缝严密，模具拼装精度可参考如表 4-1～表 4-3 所示的要求。当设计有具体要求时，模具尺寸的允许偏差应按设计要求确定。

模具上预埋件、预留孔洞安装允许偏差及检验方法　　表 4-1

项次	检验项目		允许偏差（mm）	检验方法
1	插筋	中心线位置	3	激光测距仪或用尺量测纵横两个方向的中心线位置，取其中较大值
2		外露长度	+10,0	用尺测量

续表

项次	检验项目		允许偏差(mm)	检验方法
3	预埋钢筋锚固板	中心线位置	5	激光测距仪或用尺量测纵横两个方向的中心线位置,取其中较大值
4		平面高差	±2	用钢直尺和塞尺检查
5		中心线位置	2	激光测距仪或用尺量测纵横两个方向的中心线位置,取其中较大值
6		外露长度	+5,0	用尺测量
7	预埋套筒及螺母	中心线位置	2	激光测距仪或用尺量测纵横两个方向的中心线位置,取其中较大值
8		与混凝土面高差	0,−3	用钢直尺和塞尺检查
9	预埋钢板	中心线位置	3	激光测距仪或用尺量测纵横两个方向的中心线位置,取其中较大值
10		平面高差	±2	用钢直尺和塞尺检查
11	预留孔洞	中心线位置	3	激光测距仪或用尺量测纵横两个方向的中心线位置,取其中较大值
12		尺寸	±3	激光测距仪或用尺量测纵横两个方向尺寸,取其中较大值
13	线盒、电盒	中心线位置	10	激光测距仪或用尺量测纵横两个方向的中心线位置,取其中较大值
14		与构件表面偏差	0,−5	用钢直尺和塞尺检查
15	吊环	中心线位置	3	激光测距仪或用尺量测纵横两个方向的中心线位置,取其中较大值
16		外露长度	0,−5	用钢直尺和塞尺检查
17	夹芯保温预制空心墙板的保温连接件	尺寸	±5	激光测距仪或用尺量测纵横两个方向尺寸,取其中较大值

板类、墙板类构件模具尺寸允许偏差及检验方法　　表 4-2

项次	检验项目、内容		允许偏差(mm)	检验方法
1	长度	≤6m	1,−2	激光测距仪或用尺测量平行构件高度方向,取其中偏差绝对值较大处
		＞6m 且≤12m	2,−4	
		＞12m	3,−5	
2	宽度	墙板	1,−2	激光测距仪或用尺测量构件两端或中部,取其中偏差绝对值较大处
3		其他板类	2,−4	
4	高(厚)度	墙板	0,−2	激光测距仪或用尺测量构件两端或中部,取其中偏差绝对值较大处
5		其他板类	2,−4	
6	底模板表面平整度	清水面	2	2m 靠尺和金属塞尺测量
7		普通面	3	
8	对角线差值		3	用尺测量对角线
9	侧向弯曲	墙板	$L/1500$,且≤3	拉尼龙线,钢角尺测量弯曲最大处
10		其他板类	$L/1500$,且≤5	拉尼龙线,钢角尺测量弯曲最大处
11	翘曲		$L/1500$	对角拉线测量交点间距离值的两倍
12	端模与侧模高低差		1	用钢尺测量
13	组装缝隙		1	用塞片或金属塞尺测量,取最大值
14	门窗洞口位置偏移		2	尺量四周,取偏差最大值

梁、柱类构件模具尺寸允许偏差及检验方法　　表 4-3

项次	项目		允许偏差(mm)	检验方法
1	长度	柱的内腔	±4	用尺测量,取最大值
		梁	±4	
2	宽度	柱的内腔	±2	用尺测量两端或中部,取最大值
3		梁	1,−3	
4	高(厚)	柱的内腔	±2	用尺测量两端或中部,取最大值
5		梁	±5	
6	侧向弯曲		$L/1000$,且≤5	拉尼龙线,钢角尺测量弯曲最大处

续表

项次	项目		允许偏差(mm)	检验方法
7	底模板表面平整度	柱的内腔面	3	2m靠尺和金属塞尺测量
8		梁	3	
9	端模平整度		1	2m靠尺和金属塞尺测量
10	柱顶对角线差		3	用尺测量对角线,取最大值

4.1.8 模具使用过程中的养护

模具使用过程中的养护与维护不仅可以延长模具使用寿命，更是保证构件生产质量的关键。模具使用过程中应注意以下几点：

（1）定期保养。包括对模具的清理清洁，损坏处的修理等。

（2）严禁暴力拆模。预制构件拆模过程中，工人应严格依照拆模流程操作，并使用专用拆模工具。

（3）轻拿轻放。模具使用过程中应遵循轻拿轻放的原则，避免模具损耗。

（4）及时清洁。预制构件浇筑混凝土后，要及时清理遗留在模具上的混凝土，避免后期因清洁干硬混凝土而导致的模具损伤。

4.2 装配式混凝土预制构件主要生产工艺

混凝土预制构件生产工艺主要包括固定模台工艺、立模工艺、长线台座工艺、平模机组流水工艺、平模传送流水工艺。本节将对不同的生产工艺分别加以介绍。

4.2.1 平模传送流水工艺

平模传送流水工艺生产线（图4-5）与机组流水工艺生产线一样，一般设在厂房，适合生产较大型的板类构件，如大楼板、内外墙板等。在生产线上，按照工艺要求，各道工序依次布置工作台。不同于平模机组流水生产线，平模传送流水线不需起重机，模具（模台和侧边模）借助导向轮和辊道行走，在沿生产线行走过程中完成各道工序，然后将已成型的构件连同模台送进养护窑。在脱模之后，模具又可连续循环使用，实现自动化生产。平模传送流水工艺有两种布局，一是将养护窑建在和作业线平行的一侧，构成平面循环；二是将作业线设在养护窑的顶部，形成立体循环。SPCS体系的预制空腔墙、预制空腔柱生产需采用专用生产线。

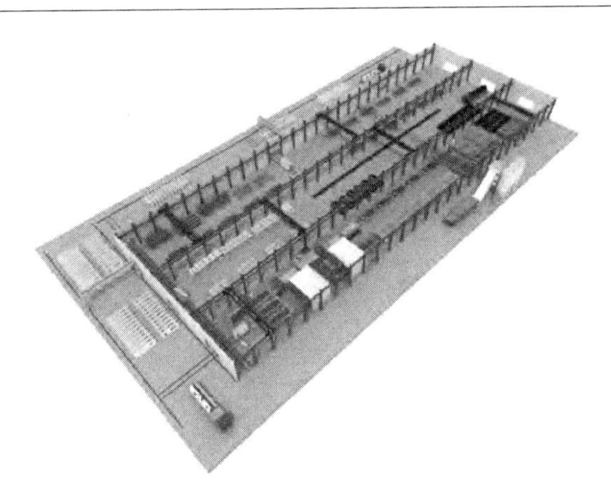

图 4-5　平模传送流水工艺

4.2.2　固定模台工艺

模板固定不动（图 4-6），在一个位置上完成构件成型的各道工序，包括数控划线、安置边模、喷隔离剂、安放钢筋、放置预埋件、布料、振捣、刮平、预养护、抹光、拉毛养护、脱模、模具清洗等。固定模台工艺适合生产各种异形构件，尤其是对于构件形状有硬性要求的，固定模台工艺具有很大优势。SPCS 体系中叠合梁、叠合板、叠合柱均可采用固定模台工艺生产。

图 4-6　固定模台

4.2.3　立模工艺

与固定模台工艺有所不同，立模工艺的浇筑过程是竖直方向的，这也使得立模工艺的构件两面同样平整。

立模工艺适用于预制楼梯（图 4-7）、预制整体单元、无门窗的墙板，其最大的优势在于占地面积小，节约空间资源，构件完成面质量高。

图 4-7　楼梯立模

4.2.4　长线台座工艺

适用于露天生产厚度较小的构件和先张法预应力钢筋混凝土构件，如预应力叠合板、预应力空心楼板（SP 板）等。台座一般长 100～180m，用混凝土或钢筋混凝土浇筑而成。在台座上（图 4-8），传统的做法是按构件的种类和规格先支模板进行构件的单层或叠层生产，或采用快速脱模的方法生产较大的梁、柱类构件。

图 4-8　预应力叠合楼板长线模台

4.2.5　平模机组流水工艺

平模机组流水工艺生产线一般设在厂房，适合生产板类构件，主要有墙板、楼板、阳台板、楼梯等。工序一般为在安装钢筋后，运用起重机依次完成后续工序。工艺过程中，各种机械设备相对固定，只有起重机作业。

4.3　预制构件的生产流程

预制构件（例如，预制外墙板、内墙板、叠合楼板、阳台板、空调板等）的生产流程主要包括钢筋加工、模具组装、钢筋安装、预埋件安装、混凝土布料、收面与养护、构件脱模、成品检验、构件存放及发货等，本节主要介绍各个流程环节的质量控制要点及注意事项。

需要特别指出的是，SPCS 体系预制空腔墙构件的生产过程中还引进了以下技术：BIM 模型驱动生产的控制技术、机械手自动拆（布）模技术、自动翻转技术、高精度合模技术、智能养护技术等。

预制空腔柱因空腔内部有柱箍筋需要利用特殊方法，对预制空腔柱模具进行混凝土布料，具体发明专利为“构件成型方法及构件生产方法 201811072145.7”。空腔预制墙和预制空腔柱的生产工艺将在第 4.4 节介绍。预制构件生产环节的主要流程工艺如图 4-9 所示。

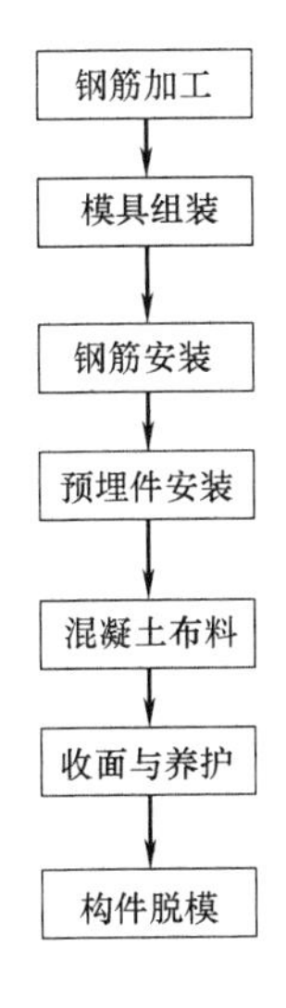

图 4-9　预制构件生产工艺流程图

4.3.1 钢筋加工

钢筋加工主要方式有：全自动钢筋加工、半自动钢筋加工、人工钢筋加工。

1. 全自动钢筋加工

通过计算机识别输入图样，并通过计算机控制设备，按照图样对钢筋进行全自动化的加工（图4-10）可以大大提高工作效率，降低工作强度并减少工人作业。

图4-10　全自动钢筋加工设备

2. 半自动钢筋加工

将单件钢筋通过数控设备加工出来，再通过人工进行组装完成钢筋骨架。

3. 人工钢筋加工

钢筋加工的全过程都由人工完成，适用于所有钢筋制作，但工作效率低，劳动强度大（图4-11）。

图4-11　人工钢筋加工

钢筋加工的质量控制：

(1) 主控项目

受力钢筋的弯钩和弯折应符合以下规定。

1) 钢筋弯折的弯弧内直径应符合下列规定:

335MPa 级、400MPa 级带肋钢筋，不应小于钢筋直径的 4 倍；500MPa 级带肋钢筋，当直径为 28mm 以下时，不应小于钢筋直径的 6 倍；当直径为 28 mm 及以上时，不应小于钢筋直径的 7 倍。箍筋弯折处尚不应小于纵向受力钢筋的直径。

2) 纵向受力钢筋的弯折后平直段长度应符合设计要求。

3) 箍筋、拉筋的末端应按设计要求作弯钩，并符合规范要求。

4) 盘卷钢筋调直后应进行力学性能和重量偏差检验，其强度应符合国家现行有关标准的规定，其断后伸长率、重量偏差应符合表 4-4 的规定。

5) 检验重量偏差时，试件切口应平滑并与长度方向垂直，其长度不应小于 500mm，长度和重量的量测精度分别不应低于 1mm 和 1g。

断后伸长率、重量偏差 **表 4-4**

钢筋牌号	断后伸长率 A(%)	重量偏差(%)	
		直径 6～12mm	直径 14～16mm
HPB30	≥21	≥−10	—
HRB35/HRBF35	≥16	≥−8	≥−6
HRB40/HRBF40	≥15		
RRB40	≥13		
HRB50/HRBF50	≥14		

(2) 一般项目

钢筋加工的形状、尺寸应符合设计要求，其偏差应符合表 4-5 的规定。钢筋加工一般项目的检查数量应为：按每工作班同一类型的钢筋、同一加工设备抽查不应少于 3 件。检验方法为尺量。

钢筋加工的允许偏差 **表 4-5**

项　目	允许偏差(mm)
受力钢筋沿长度方向的净尺寸	±10
弯起钢筋的弯折位置	±20
箍筋外廓尺寸	±5

4.3.2 模具组装

模具组装包括：清理模具（图 4-12）、放线、组模。

模具的组装精度详见第 4.1 节，同时模具组装应符合下列规定：

（1）模具组装前必须进行清理，安装时应在必要位置加设防胀模工装，工作面与模台必须保持垂直。

（2）固定在模具上的预埋件、预留孔应位置准确、安装牢固，不得遗漏。

（3）模具组装就位后，接缝及连接部位应有接缝密封措施，不得漏浆。

（4）模具验收合格后模具面均匀涂刷隔离剂，模具夹角处不得漏涂，钢筋、预埋件（不含重复利用预埋件）不得沾有隔离剂。

图 4-12　清理模具

4.3.3 钢筋安装

钢筋安装（图 4-13）有全自动安装和人工安装两种方式，钢筋网片或骨架应符合现行国家标准《混凝土结构工程施工质量验收规范》GB 50204 的相关规定，如表 4-6 所示。

钢筋网或骨架尺寸和安装位置偏差　　表 4-6

项目		允许偏差(mm)	检查方法
绑扎钢筋网	长、宽	±10	钢尺检查
	网眼尺寸	±20	钢尺量连续三档，取最大值
绑扎钢筋骨架	长	±10	钢尺检查
	宽、高	±5	钢尺检查
	钢筋间距	±10	钢尺测两端，中间各一点

续表

<table>
<tr><th colspan="3">项目</th><th>允许偏差(mm)</th><th>检查方法</th></tr>
<tr><td rowspan="4">受力钢筋</td><td colspan="2">位置</td><td>±5</td><td rowspan="2">钢尺测两端，中间各一点，取较大</td></tr>
<tr><td colspan="2">排距</td><td>±5</td></tr>
<tr><td rowspan="2">保护层</td><td>柱、梁</td><td>±5</td><td>钢尺检查</td></tr>
<tr><td>楼板、外墙板楼梯、阳台板</td><td>±5，-3</td><td>钢尺检查</td></tr>
<tr><td colspan="3">绑扎钢筋、横向钢筋间距</td><td>±20</td><td>钢尺量连续三档，取最大值</td></tr>
<tr><td colspan="3">箍筋间距</td><td>±20</td><td>钢尺量连续三档，取最大值</td></tr>
<tr><td colspan="3">钢筋弯起点位置</td><td>±20</td><td>钢尺检查</td></tr>
</table>

钢筋安装应符合下列规定：

(1) 预制构件所用钢筋须检验合格。

(2) 钢筋骨架整体尺寸准确。

(3) 在钢筋网上装轮式塑料垫块、墩式塑料垫块等控制保护层的支撑架，垫块在钢筋网上要稳固，特殊位置要用扎丝固定。

(4) 所有钢筋交接位置及驳口位必须稳固扎妥。

(5) 预留孔位须加上足够的洞口补强钢筋。

(6) 钢筋应没有铁锈剥落及污染物。

(7) 预制钢筋网片应标明型号、楼层位置、制造班组、生产日期。

(8) 混凝土浇筑前应对钢筋进行隐蔽验收，经检验合格后方可进入下道工序（图 4-13）。

图 4-13　工人钢筋安装

4.3.4　预埋件安装

预埋件的安装过程（图 4-14）中需要考虑到预留孔洞及预埋件的尺寸形状和中

线定位偏差等，生产时需要逐项检查。预埋件需保证安装牢固、定位准确，浇筑混凝土的过程中振捣棒不能触碰预埋件，防止发生移位。预埋件安装处应严格保证混凝土振捣密实，尽量避免空洞产生。预埋件和预留孔洞的安装允许偏差和检验方法如表 4-7 所示。

预埋件、预留孔洞安装允许偏差　　表 4-7

项次	检验项目			允许偏差（mm）	检验方法
1	插筋	中心线位置		3	激光测距仪或用尺量测纵横两个方向的中心线位置，取其中较大值
2		外露长度	梁	+10，0	用尺测量
			柱	0，−3	
3	预埋钢筋锚固板	中心线位置		5	激光测距仪或用尺量测纵横两个方向的中心线位置，取其中较大值
4		平面高差		±2	用钢直尺和塞尺检查
5	预埋螺栓	中心线位置		2	激光测距仪或用尺量测纵横两个方向的中心线位置，取其中较大值
6		外露长度		+5，0	用尺测量
7	预埋套筒及螺母	中心线位置		2	激光测距仪或用尺量测纵横两个方向的中心线位置，取其中较大值
8		与混凝土面高差		0，−3	用钢直尺和塞尺检查
9	预埋钢板	中心线位置		3	激光测距仪或用尺量测纵横两个方向的中心线位置，取其中较大值
10		平面高差		±2	用钢直尺和塞尺检查
11	预留孔洞	中心线位置		3	激光测距仪或用尺量测纵横两个方向的中心线位置，取其中较大值
12		尺寸		±3	用尺量测纵横两个方向尺寸，取其中较大值

续表

项次	检验项目		允许偏差（mm）	检验方法
13	线盒、电盒	中心线位置	10	激光测距仪或用尺量测纵横两个方向的中心线位置，取其中较大值
14		与构件表面偏差	0，−5	用钢直尺和塞尺检查
15	吊环	中心线位置	3	激光测距仪或用尺量测纵横两个方向的中心线位置，取其中较大值
16		外露长度	0，−5	用钢直尺和塞尺检查
17	预制夹心保温空心墙构件的保温连接件	尺寸	±5	激光测距仪或用尺量测纵横两个方向尺寸，取其中较大值

图 4-14　预埋件安装

4.3.5　混凝土布料

1. 混凝土搅拌

PC 工厂应配置混凝土搅拌站，并合理设计混凝土配合比及外加剂用量。

（1）配合比设计

混凝土的配合比设计应按现行国家标准《普通混凝土配合比设计规程》JGJ 55 进行设计，并配有试验室出具配合比的通知单。混凝土中的各种成分要严格按照工艺标准配置，误差维持在±1%的范围内。

（2）坍落度控制

生产车间所用混凝土的坍落度一般需要控制在140±20mm之间，坍落度过大，预养护时间则会增多，生产节拍被迫延长，效率下降；若坍落度较小，容易堵塞布料机，直接导致生产线崩溃，同时会延长预养护时间，增大养护后的抹面压光难度，也会导致生产节拍的延长，效率下降。

（3）骨料粒径

骨料粒径一定要严格控制，防止自动布料机布料时，造成布料机的堵塞，影响生产。

2. 混凝土运输

若工厂流水线的混凝土浇筑振捣工位设置在混凝土搅拌车间出料口位置，布料机可以直接被灌入混凝土，进行布料，无须设置混凝土运输环节；若距离较远或生产工艺为固定模台，则需要运输环节。

预制构件工厂常用的混凝土运输方式有两种：起重机-料斗运输和自动鱼雷罐运输（图4-15），搅拌车间内的混凝土供给量不足时，可从厂外使用搅拌罐车运输商品混凝土。

图4-15　自动鱼雷罐

3. 混凝土浇筑

混凝土取样与试块留置应符合现行国家标准《混凝土结构工程施工质量验收规范》GB 50204的规定。混凝土浇筑前先清理干净模具内的杂物，必要时需采用压缩空气或吸尘器清理模内尘土。安装模具时应在必要位置加设防胀模工装，工作面与模台必须保持垂直。固定在模具上的预埋件、预留孔应位置准确、安装牢固，不得遗漏。模具安装就位后，接缝及连接部位应有接缝密封措施，不得漏浆。模具验收合格后模具面均匀涂刷隔离剂，模具夹角处不得漏涂，钢筋、预埋件（不含重复利用预埋件）不得沾有隔离剂。混凝土采用布料机自动浇筑（图 4-16），浇筑时要从一侧或一端开始，构件厚度较大时需要分层浇筑，分层振捣。由专业的工人振捣混凝土（图 4-17），在埋件处和钢筋密集处需要加强振捣。浇筑完成后，应及时将掉在横杠上、模具上的混凝土以及剩余的混凝土清除干净。

图 4-16　布料机布料

图 4-17　混凝土振捣

混凝土浇筑、振捣要求：

1）按规范要求浇筑混凝土，每层混凝土厚度不可超过 450mm。

2）混凝土振捣时限应以混凝土内无气泡冒出为准。

3）振捣混凝土时，应避免钢筋、模板等被振松。

4）振捣后应对预埋件位置进行目视检验。

5）可根据工艺要求对预埋件采用湿拆模作业方法。

6）清洁料斗、模具、外露钢筋及地面。

7）预制构件表面混凝土整平后，宜将料斗、模具、外露钢筋及地面清理干净。

4.3.6 收面与养护

1. 浇筑表面处理

（1）压光与拉毛（图4-18）

第一遍抹压：混凝土浇筑后先用木抹子揉搓抹平，再用铁抹子轻轻抹压，至出浆为止。

第二遍抹压：当面层混凝土初凝后，用铁抹子进行第二遍抹压。把凹坑、砂眼填实、抹平，注意不应漏压。

第三遍抹压：第二遍抹面之后，应按不同气温保证必需的静定时间，待混凝土初步收干后进行第三遍抹平。用铁抹子进行抹压。抹压时要用力稍大，抹平压光不留抹纹为止，达到面层表面密实光洁。

拉毛：对于需要表面拉毛的预制构件，可在混凝土三次抹面后方可进行。拉毛进行过程中不得停留，以保证拉毛纹理顺畅美观，且满足规定、规范要求深度。

图4-18 压光面处理

（2）抹角

浇筑面做成45°抹角，如叠合板上下边角，一般采用人工抹或内模成型等。

（3）键槽

需要在浇筑面预留键槽的，应在混凝土浇筑前在模具上对应位置预先放置键槽块。

2. 养护

混凝土浇筑后应及时进行保湿养护，预制构件的养护分为流水线养护窑（图4-19）养护、自然养护方式。选择养护方式应考虑现场条件、环境温湿度、构件特点、技术要求、施工操作等因素。

图4-19 养护窑

（1）流水线养护窑养护

1）内墙板与外墙板分开入窑、分列养护。

2）养护时间指构件入窑所需最短的时间。构件的养护遵循先进先出，后进后出的原则。

3）构件在养护窑内升温养护时，当构件表面温度与养护窑内温差不小于25℃时，宜按照20℃/h进行升温控制。

4）降温方法采用关窑降温或出窑降温，要求预制墙板内外温差小于10℃，其他构件小于25℃。

5）外墙板反打工艺温度应提高10℃，出窑后如不产生裂缝，可以缩短降温时间。

（2）自然养护

自然养护方法为防止早期裂缝，应尽早养护，气温30℃（含）以上，12h内浇水养护；20～30℃温度20h内浇水养护；5～20℃温度24h浇水养护；5℃以下覆盖薄膜养护。养护每2h浇水一次。

4.3.7 构件脱模

（1）模板拆除时混凝土强度应符合设计要求；当设计无要求时，应符合现行国家标准《混凝土结构工程施工质量验收规范》GB 50204的要求。

（2）对后张预应力构件，侧模应在预应力张拉前拆除；底模如需拆除，则应在完成张拉或初张拉后拆除。

（3）脱模（图4-20）时，应能保证混凝土预制构件表面及棱角不受损伤。

（4）模板吊离工位时，模板和混凝土结构之间的连接应全部拆除，移动模板时不得碰撞构件。

（5）模板拆除后，应及时清理板面，并涂刷隔离剂；对变形部位应及时修复。

图4-20　脱模

4.3.8　成品保护

（1）根据预制构件类型、规格、使用次序等条件，有序堆放，保证堆放整齐、平直、下方垫木方或枕木，且设有警告标示。

（2）预制构件外部的金属预埋构件需要做防锈处理，防止锈蚀。

（3）产品表面干净，防止油漆、油脂的污染。

（4）成品堆放隔垫应采取防污染措施。

4.4　SPCS预制空腔墙与预制空腔柱的生产工艺

预制空腔墙和预制空腔柱是SPCS体系的关键构件，在国内属于首创。目前已申请SPCS相关专利100余项，覆盖SPCS剪力墙结构体系、SPCS框架结构体系、连接节点、生产、运输、施工等全流程。

SPCS体系中的预制空腔墙生产因需要进行构件翻转和定位合模，建议采用SPCS空腔墙生产线。预制空腔柱因空腔内部有柱箍筋，需要利用SPCS空腔柱专有设备和模具进行布料生产。

4.4.1　预制空腔墙生产工艺

预制空腔墙的生产流程：外页墙板模具安装→外页墙板钢筋安装→预埋与预留安装→混凝土布料→拉毛→养护→内页墙板模具安装→内页墙板钢筋安装→预留预埋安装→外页墙板翻转→内外页墙板合模→整体养护→构件脱模（图4-21～图4-27）。

图 4-21　模具组装（机械手自动布模）

图 4-22　钢筋与预埋件安装

图 4-23　混凝土布料

图 4-24　构件拉毛

图 4-25　构件养护

图 4-26　构件翻转

图 4-27　与外页墙板组合

4.4.2　预制空腔柱生产工艺

SPCS 体系中的空腔柱生产与传统工艺有着较大的区别，由于空腔内分布着柱体箍筋，采用传统工艺时，只能逐一每边浇筑柱体的混凝土预制层，分别通过四次浇筑完成柱体生产，但这样不仅效率低下，更难以保证质量。

经过多次论证与实践，研发了一次性整体生产预制空腔柱的专用模具和成型设备，不仅大大提高了生产效率，构件质量也得到了充分保证。

采用三一 SPCS 空腔柱生产线制作的预制空腔柱，如图 4-28 所示。

图 4-28　预制空腔柱实物图

4.5 SPCS体系预制构件质量标准

PC构件脱模后应进行外观及构件尺寸的验收，SPCS体系构件成品验收的过程与要求同传统预制构件相似，但亦有其特殊要求。构件不得有严重外观缺陷及主控项目异常，一般项目必须经过修复合格后方可入库和发货。

外观质量标准：

(1) 外观质量标准可参考如表4-8所示内容，或依据设计要求。

外观质量标准　　表4-8

名称	现象	严重缺陷	一般缺陷
露筋	构件内钢筋未被混凝土包裹而外露	纵向受力钢筋有露筋	其他钢筋有少量露筋
蜂窝	混凝土表面缺少水泥砂浆而形成石子外露	构件主要受力部位有蜂窝	其他部位有少量蜂窝
孔洞	混凝土中孔穴深度和长度均超过保护层厚度	构件主要受力部位有孔洞	其他部位有少量孔洞
夹渣	混凝土中夹有杂物且深度超过保护层厚度	构件主要受力部位有夹渣	其他部位有少量夹渣
疏松	混凝土中局部不密实	构件主要受力部位有疏松	其他部位有少量疏松
裂缝	缝隙从混凝土表面延伸至混凝土内部	构件主要受力部位有影响结构性能或使用功能的裂缝	其他部位有少量不影响结构性能或使用功能的裂缝
连接部位缺陷	构件连接处混凝土缺陷及连接钢筋、连接件松动	连接部位有影响结构传力性能的缺陷	连接部位有基本不影响结构传力性能的缺陷
外形缺陷	缺棱掉角、棱角不直、翘曲不平、飞边凸肋等	清水混凝土构件有影响使用功能或装饰效果的外形缺陷	其他混凝土构件有不影响使用功能的外形缺陷
外表缺陷	构件表面麻面、掉皮、起砂、沾污等	具有重要装饰效果的清水混凝土构件有外表缺陷	其他混凝土构件有不影响使用功能的外表缺陷

（2）质量主控项目：

1）预制构件脱模强度应满足设计强度要求，当无设计要求时，应根据构件脱模受力情况确定，且不得低于混凝土设计强度的 75%。

检查数量：全数检查。

检验方法：检查混凝土试验报告。

2）预制构件的预埋件、插筋、预留孔的规格、数量应符合设计要求。

检查数量：全部检查。

检验方法：观察和测量。

3）SPCS 构件的结合面、粗糙面或键槽成型质量应满足设计要求。

检验数量：抽样检验。

检验方法：观察和测量。

4）预制夹心保温空心墙构件的拉结连接件的类别、数量、使用位置及性能应符合设计要求。

检验数量：按同一工程、同一工艺的预制构件分批抽样检验。

检验方法：检查试验报告单、质量证明文件及隐蔽工程检查记录。

5）预制夹心保温空心墙构件用的保温材料类别、厚度、位置及性能应满足设计要求。

检验数量：按批检查。

检验方法：观察、测量，检查保温材料质量证明文件及检验报告。

（3）质量一般项目：

1）外观质量一般项目

预制构件不应有如表 4-8 所示外观质量标准表中所叙述的一般问题，对于出现的一般问题，需经修复满足质量标准后方可使用。

2）构件尺寸偏差

预制构件的尺寸偏差应满足设计要求及国家、地方标准，同时参考如表 4-9、表 4-10 所示内容。

预制墙板外形尺寸允许偏差及检验方法　　表 4-9

序号	验收项	允许偏差(mm)	检验方法
1	墙板水平长度	±5	尺量
2	内页板安装缝宽度	5,−2	尺量
3	外页或内页墙板厚度	1,−3	用尺量四角和四边中部位置,去其中偏差绝对值较大者

续表

序号	验收项	允许偏差(mm)	检验方法
4	总厚度	±3	尺量
5	墙板高度	±3	用尺量两端和中部,取偏差绝对值较大者
6	内表面平整度	5	2m靠尺和金属塞尺测量,取靠尺与构件表面的最大缝隙
7	外表面平整度	3	
8	墙板、门窗口对角线差	5	尺量两对角线
9	侧向弯曲	$L/750$ 且≤10	拉线,尺量最大弯曲处
10	扭翘	$L/750$	四对角拉两根线,量测两线交点之间的距离,其值的2倍为扭翘值
11	预留孔洞中心线位置偏移	5(10)	用尺量纵横两个方向尺寸,取其中较大者。直径或短方向超过50mm的为洞口,按括号内取值
12	预留孔洞尺寸、深度	±5(±10)	用尺量纵横两个方向的中心线位置,取其中较大者。直径或短方向超过50mm的为洞口,按括号内取值
13	墙板上对应梁安装槽口宽度、高度	5	尺量,取偏差绝对值较大者
14	墙板上对应梁安装槽口侧壁定位偏差	5	
15	门窗洞中心线位置偏移	5	用尺量纵横两个方向尺寸,取其中较大者
16	门窗洞宽度、高度	0,−3	用尺量纵横两个方向的中心线位置,取其中最大者

续表

序号	验收项	允许偏差(mm)	检验方法
17	预埋锚板中心位置	5	尺量，取偏差绝对值较大者
18	预埋锚板与混凝土面平面高差	0，−5	
19	预埋螺栓中心位置	2	
20	预埋螺栓外露长度	±5	
21	预埋套筒、螺母中心位置偏差	2	
22	预埋套筒、螺母与混凝土面平面高差	0，−5	
23	线盒、电盒、吊环中心位置偏差	15	
24	线盒、电盒、吊环与构件表面偏差	0，−10	
25	预留插筋中心线位置偏差	5	
26	预留插筋外露长度	±5	
27	键槽中心线位置偏移	5	
28	键槽长度、宽度、深度	±5	
29	粗糙面深度	≥10	尺量，取其中较小者
30	保护层厚度	±5	使用钢筋保护层厚度检测仪，取其中最大者
31	露筋		页板内、外侧墙主筋无外露
32	蜂窝		页板外侧表面无石子外露

续表

序号	验收项	允许偏差(mm)	检验方法
33	孔洞		页板外侧无孔穴深度和长度均超过保护层厚度
34	裂缝		页板外侧无影响结构性能的裂缝
35	预埋件		预留孔洞无堵塞
36	缺棱掉角		页板外侧无缺棱掉角、棱角不直、翘曲不平等
37	麻面		页板外侧无麻面、掉皮、起砂、沾污等
38	钢筋位置偏差		页板内侧梯子筋无明显变形

柱、梁类预制构件尺寸允许偏差和检验方法　　表4-10

序号	检查项目			允许偏差(mm)	检验方法
1	预制空心柱构件	截面边长(宽度和高度)		±3	尺量两端和中间三处的截面尺寸，取偏差绝对值较大者
		柱长度	总长(纵筋)	1,−3	尺量纵筋长度三处，取偏差绝对值较大者
			混凝土长度	±3	尺量混凝土长度三处，取偏差绝对值较大者
		外露钢筋端头不齐		1,−3	钢尺测量所有外露钢筋长度，取偏差绝对值较大者
2	预制叠合梁构件	梁水平长度	＜12m	±5	尺量四个面，取偏差绝对值较大者
			≥12m且＜18m	±10	
			＞18m	±20	
		梁截面宽度		±3	
		梁截面高度		±5	

续表

序号	检查项目			允许偏差(mm)	检验方法
3	表面平整度	梁、内表面		5	2m 靠尺和金属塞尺测量
		预制空心柱外表面		3	
4	对角线差			5	尺量两对角线之差
5	侧向弯曲			$L/750$ 且≤10	拉线，钢尺量最大弯曲处
6	扭翘			$L/750$	对角线用细线固定，尺量中心点高度差值
7	预留孔洞	中心线位置偏移		5	尺量，取偏差绝对值较大者
		孔尺寸		±5	
8	预埋螺栓等预埋件	预埋锚板中心位置		5	尺量，取偏差绝对值较大者
		预埋锚板与混凝土面平面高差		0，−5	
		预埋螺栓中心位置		2	
		预埋螺栓外露长度		±5	
		预埋套筒、螺母中心位置偏差		2	
		预埋套筒、螺母与混凝土面平面高差		0，−5	
9	插筋	预制空心柱	每根插筋的中心距	±3	钢尺测量每根插筋的中心距，取较大者
			外露长度	0，−3	钢尺测量每根插筋的外露长度，取较大者
10	键槽	中心线位置偏移		5	尺量，取偏差绝对值较大者
		长度、宽度、深度		±5	

注：L 为构件长度（mm）。

4.6 混凝土预制构件工厂布局

4.6.1 工厂基本设置

叠合式混凝土预制构件工厂设置如图4-29所示，主要包括PC综合自动化生产线、固定模台线、钢筋加工线、搅拌站和堆场存放区。

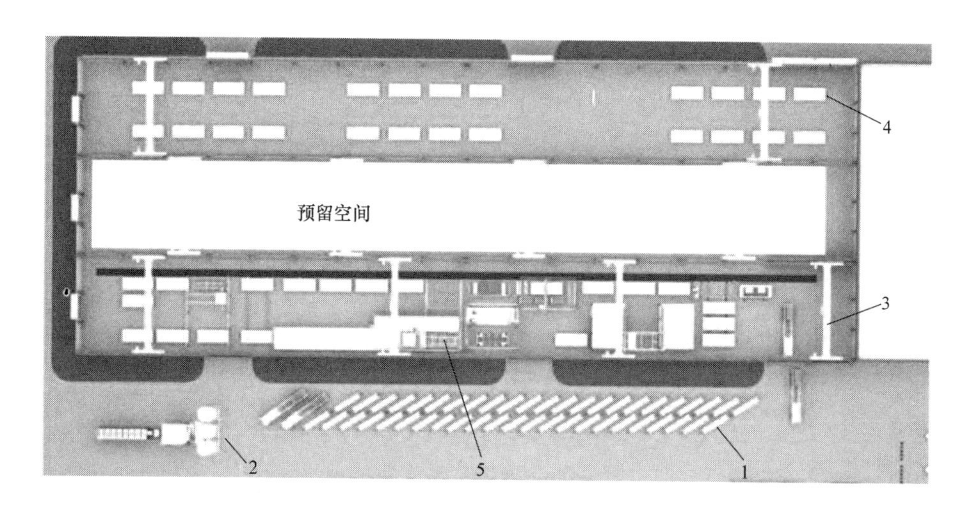

图4-29 叠合式混凝土预制构件工厂设置
1—构件存放区；2—搅拌站；3—PC综合自动化生产线；
4—固定模台线；5—钢筋加工线

4.6.2 三一PC成套设备简介

三一提供PC成套设备整体解决方案，在国内首次实现了PC生产线、PC搅拌站、钢筋设备的高度集成及自动匹配，实现数字驱动生产。主要特点如下：

(1) PC构件生产的自动拼模、智能画线、智能振捣养护；

(2) 混凝土的自动搅拌、输送、布料；

(3) 钢筋设备的自动生产、网片输送投放。

1. 中央控制系统

中央控制系统采用基于工业以太网的控制网络，集PMS（生产管理）系统、PBIS系统、搅拌站控制系统、全景监控系统于一体，是工厂实现自动化、智能化、信息化的核心，其配置的PBIS系统借助RFID技术可实现构件的订单接收、生产、仓储、发运、安装、维护等全生命周期管理（图4-30）。

图 4-30　中央控制室

2. 模台循环系统

模台循环系统包括全自动流转、模台（图 4-31）、模台横移车（图 4-32 ）、导向轮（图 4-33）、驱动轮（图 4-34）。

（1）全自动流转：采用工业以太网和分布式控制方式，设备信息实时快速交互，操作安全可靠。首创同步流转方式，少人工、高效率、多种控制方式，操作更便捷。

（2）模台：超大模台，毫米误差；长宽度可定制，结构坚固耐用，疲劳强度大，采用有限元分析手段，变形少，使用寿命更长。

（3）模台横移车：伺服电机驱动，定位精度高；采用三一 SYMC 控制器，双机同步性高；完美匹配流水线作业标准，自动控制完成变轨作业，极易操作。

图 4-31　模台

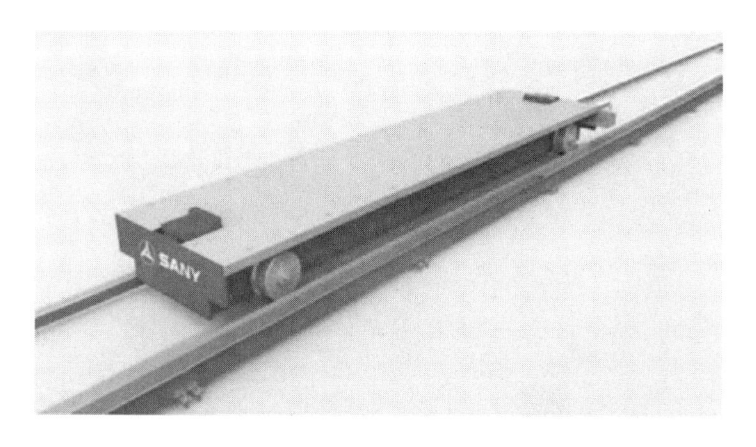

图 4-32 模台横移车

图 4-33 导向轮

图 4-34 驱动轮（带减速机）

（4）驱动轮：三一自主研发的高耐磨橡胶轮，摩擦力更大，使用寿命更长；采用高度可调节安装方式，安装更加便捷。

（5）导向轮：独立固定于地面上，作为模台的承载输送轮，标高为 450mm。

3. 模台预处理系统

包括清理机（图 4-35）、隔离剂喷雾机（图 4-36）等装置。

（1）清理机：通过双辊刷清扫，可清扫模台上的混凝土残渣及粉尘，清洁效率更高，清洁效果更好。

（2）隔离剂喷雾机：模台经过时自动喷洒隔离剂，雾化喷涂，喷涂更加均匀，不留死角，效果更好；独特设计的宽幅油液回收料斗，耗料更少，便于清洁。

图 4-35　清理机

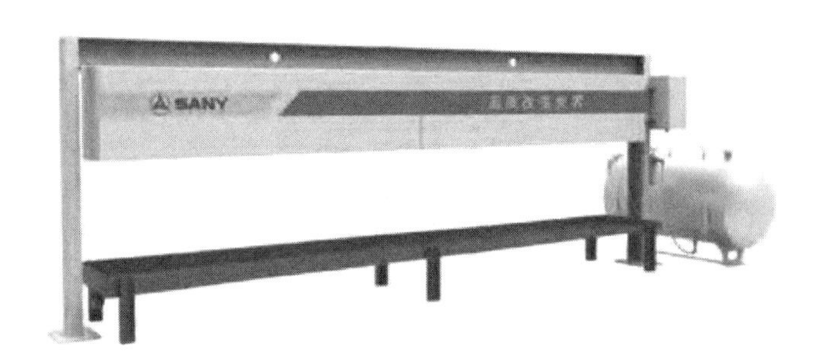

图 4-36　隔离剂喷雾机

4. 边模智能处理系统

包括抛丸式边模清理机（图 4-37）、拆（布）模机器人（图 4-38）。

图 4-37　抛丸式边模清理机

图 4-38　拆（布）模机器人

抛丸式边模清理机：由边模输送机、抛丸机、除尘机及喷油装置（选配）组成，对边模进行自动清理及喷油。其工作原理是利用抛丸器将钢丸料高速甩出与边模碰撞来清理掉边模上的混凝土、砂浆、锈斑等。

拆（布）模机器人：系国内 PC 领域首个拆（布）模机器人，集拆模、边模输送及清理、模台清理、画线、布模、边模库管理功能于一体，极大地提高了作业效率及产品品质，降低了作业人数及劳动强度，在 PC 装备的智能化领域迈出了一大步。

5. **布料振捣系统**

包括混凝土输送机（图 4-39）、布料机（图 4-40）、振动台（图 4-41）。

（1）混凝土输送机：采用变频或伺服自适应驱动，根据放料量及放料速度自动控制速度，运行更加平稳；具备带坡度运输能力；液压驱动料门，有效防止卡滞和漏料；无缝连接搅拌站和生产线，全自动化运行；提供手持式无线遥控，维护操作更加方便。

（2）布料机：程序控制智能布料，完美实现按图纸布料；可根据客户混凝土种类性质配置摊铺式或螺旋式布料机。

（3）振动台：振动台由振动单元、驱动轮及升降装置组成。用于振捣密实已浇筑的混凝土，消除混凝土内部气泡，确保混凝土内部骨料分布均匀。客户可根据需求选择高频振动台或低噪振动台。

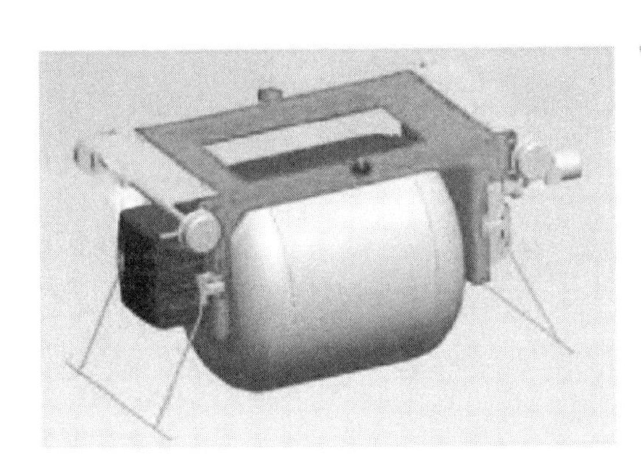

图 4-39　混凝土输送机

图 4-40　布料机

图4-41　振动台

6. **表面处理系统**

包括抹光机（图4-42）、拉毛机（图4-43）。

图4-42　抹光机

图4-43　拉毛机

(1) 抹光机：抹盘高度可调，能满足不同厚度预制板生产需要；横向纵向行走速度变频可调，保障平稳运行。

(2) 拉毛机：由支架、拉毛系统、升降系统组成。主要用于对叠合楼板表面的拉毛处理。刀片具有自动越障功能；动力采用电动推杆（断电自锁），拉毛深度可控。

7. 养护系统

包括预养护窑（图 4-44）、立体养护窑（图 4-45）、堆垛机。

(1) 预养护窑：采用低高度设计，有效减少加热空间，降低能耗；前后采用提升式开关门，自动感应进出模台，充分减少窑内热量损失，高效节能。

(2) 立体养护窑：多层叠式设计极大满足了批量生产的需要，可满足 8h 构件养护要求；每列养护室可实现独立精准的温湿度控制，并确保上下温度均匀；蒸汽干热加热，直喷蒸汽加湿；布置形式可选择地坑型、地面型，根据生产类型可定制每一层仓位的层高。

(3) 堆垛机：具有全自动存入和取出模台功能；采用复合运动以及防抖技术，可以快速存取模台；横移采用伺服系统，定位精准；升降系统采用卷扬或液压提升方式、推送和拉取模台均采用先进的液压技术，动作可靠平稳。

图 4-44　预养护窑

图 4-45　立体养护窑

8. 模台翻转系统

模台翻转系统的主要设备是翻转机（图4-46）。

翻转机：自动完成翻转、合模，翻转作业时间小于10min，效率高；停靠位置精确，运行过程平稳；软件界面操作简单，实现PMS集成控制。

图4-46 翻转机

9. 脱模系统

侧翻机：采用液压同步技术，有效保证侧翻精度；独特的液压顶构件装置，大幅度提升了侧翻脱模效率（图4-47）。

图4-47 侧翻机

10. 信息化整体解决方案

三一基于工业4.0思想，融合混凝土预制技术、物料网技术，开发了基于B/S架构的 PC 生产线信息化整体解决方案（整体企业套件）（图 4-48）。依靠 PBIS/PMS/SYMC 等多个核心系统，涵盖销售、设计、生产、仓储物流至安装施工全流程，可有效支持 PC 工厂运维决策，多方位精准管控，从而降低成本、提升产能，为建筑产业赋能。

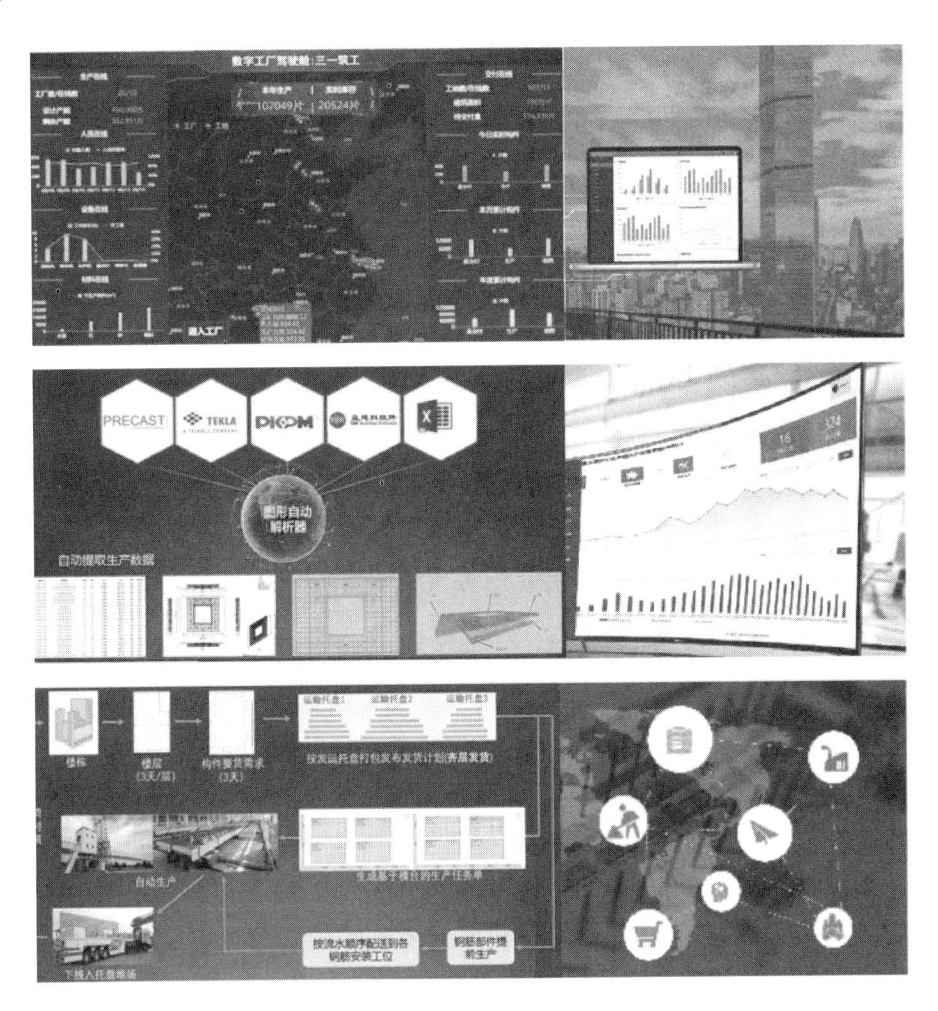

图 4-48　信息化整体解决方案

11. 其他设备

（1）成品构件运输车

成品构件运输车（图 4-49）有如下优势：

运输能力强：可装 9.5m×3.75m 超大构件，自动装卸，单次装卸不超过 5min，配置有液压夹具，可快速固定构件。

技术先进：具备装卸、行驶和越野三种模式；自适应减振，并且第三桥可升降，有效降低能耗和磨损。

安全可靠：配置ABS系统，且三桥均具有驻车制动功能，同时左右桥可自动平衡，有效防止侧翻。

装载过程如图4-50所示。

图4-49　成品构件运输车

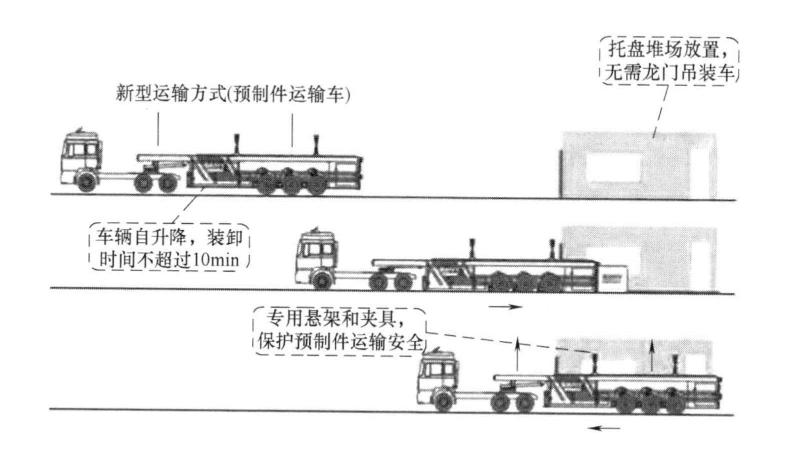

图4-50　装载过程示意图

(2) 重型叉车

三一平衡重式叉车（图4-51）既适用于大吨位货物的装卸作业，又能承担重要设备的辅助维修、拆卸和安装任务；如搭配特殊属具还可用于钢材、石料、混凝土、圆木、20英尺普通用途集装箱等物料的装卸作业。

具有稳定可靠、安全高效等特点，现开发有10～46t不同载荷的系列产品，并且提供多种属具和各类门架供客户自由选择，竭力满足客户需求。

图 4-51　重型叉车

（3）PC 专用搅拌站

PC 专用搅拌站，如图 4-52 所示。专用于 PC 工厂细骨料匀质混凝土生产；控制系统无缝集成到 PC 中央控制室，减少人工；智能验秤、智能计量、智能卸料技术、控制程序自动定制技术，实现小方量的精准搅拌。

图 4-52　PC 专用搅拌站

4.6.3　三一 PC 生产线简介

三一 PC 生产线在国内首创 PC 自动化生产线，具有作业自动化及智能化、管理信息化、按节拍生产、全自动流转、产能可控效率高、工人作业强度低的特点。在国内公开市场份额超 50%，现拥有 400 多项装配式建筑相关技术专利，实现了建筑工业化各环节的无缝高效对接。

生产线类型包括空腔墙自动化生产线、空腔柱生产线、综合PC自动化生产线、固定模台生产线、柔性PC自动化生产线、长线模台生产线等。

1. 空腔墙自动化生产线

空腔墙既可用于双皮墙体系的建筑物，也可用于装配式管廊、地下室、地下车库等地下空间的装配化施工。空腔墙关键设备——翻转机，能够将构件翻转180°，且能自动定位并控制两层构件的厚度。空腔墙生产线也可用于生产叠合板、内墙板或外墙板（图4-53）。

三一空腔墙构件生产线能够实现构件自动解析、布模、拼模；智能布料与振捣；自动画线；全自动翻转、合模、摇晃振捣。

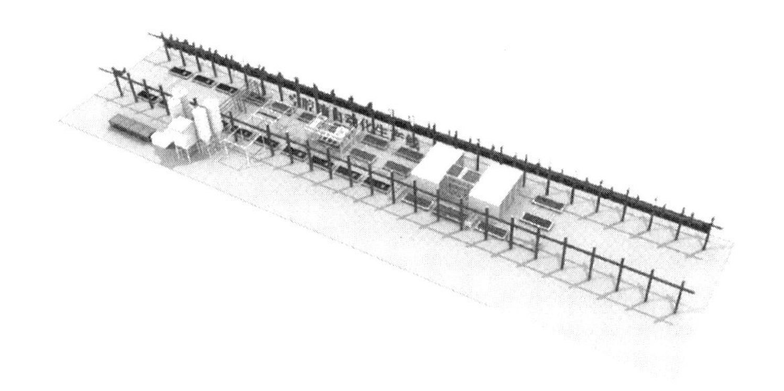

图4-53 空腔墙自动化生产线

2. 空腔柱生产线

SPCS空腔柱生产线（图4-54）采用成型设备和专用模具、专用布料设备，能够实现空腔柱一次成型，外表面光滑，无接缝；自动称量布料；养护蒸汽加热、温度自动控制。

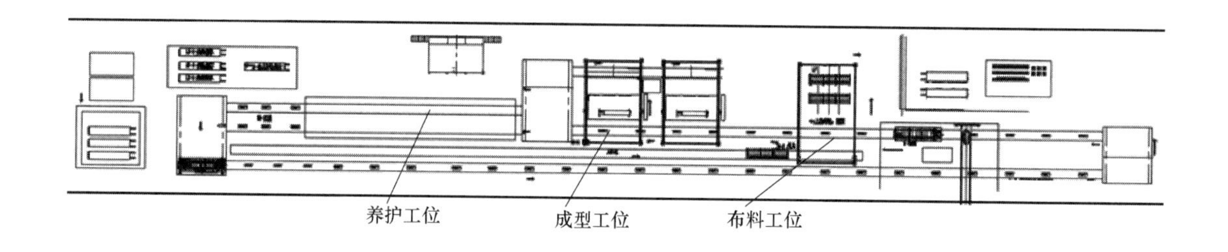

图4-54 空腔柱生产线

3. 综合 PC 自动化生产线

综合 PC 自动化生产线具有生产节拍可控、效率高、机械化、自动化程度高的特点。按客户要求定制工艺路线，既可以定制柔性化生产程度高的生产线，也可以定制复线模式。复线模式可有效地提高生产产能，提高客户单位土地面积的产出比。构件图纸可直接导入自主研发的 PMS 生产管理系统。同时，PMS 系统还可以远程控制生产线所有联网设备（如堆垛机、养护窑、划线机等），如图 4-55 所示。

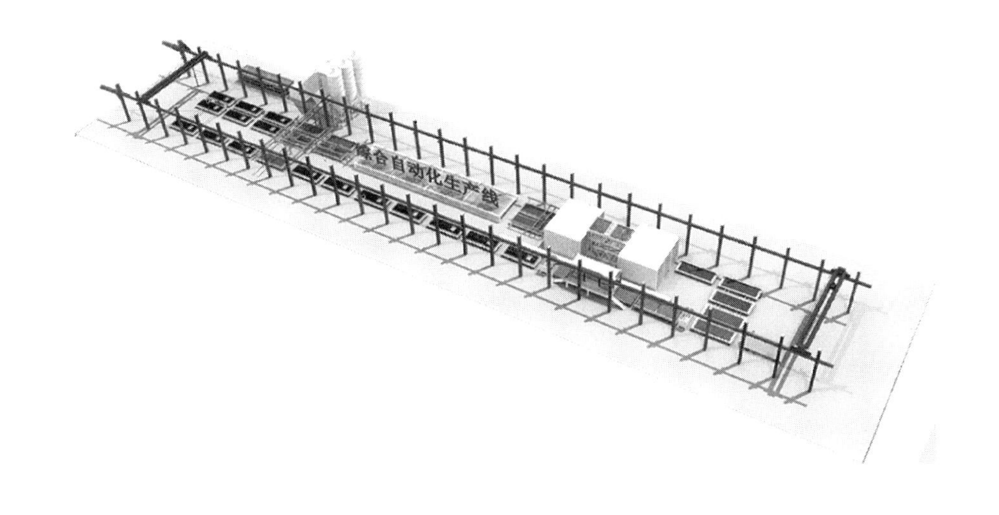

图 4-55　PC 综合自动化生产线

4. 固定模台生产线

固定模台生产线具有设备投入少的优势，同时生产组织灵活。三一的固定模台生产线配置高效的单点式布料机，可以实现遥控布料，作业效率高，机械化程度高，且更适合梁柱、立模构件、楼梯构件的窄小界面布料。除一般构件外，固定模台生产线还可以生产异形构件（图 4-56）。

5. 柔性 PC 自动化生产线

柔性自动化生产线既具有固定模台生产线的低设备投入，又具有自动化生产线的高度机械化、自动化的特点。生产线配置中央摆渡车，除一般构件外，还可生产异形构件（图 4-57）。

6. 长线模台生产线

通过模台和摆渡装置的组合，可以形成大的工作面，既可以做预应力构件，也可以做板类、梁柱类及阳台、飘窗等异形构件（图 4-58）。

图 4-56　固定模台生产线

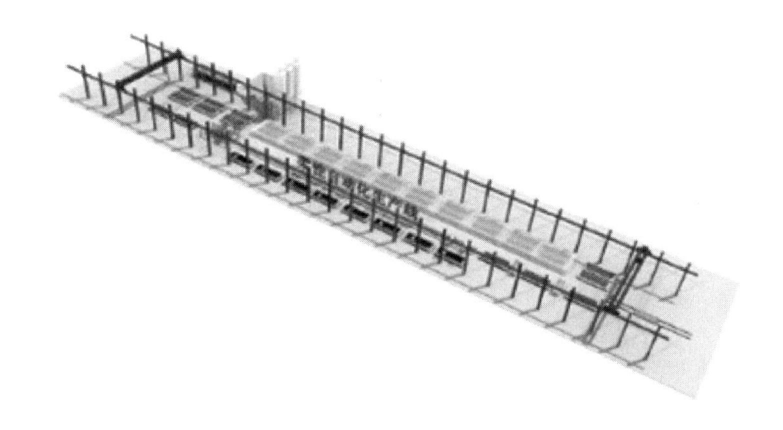

图 4-57　柔性 PC 自动化生产线

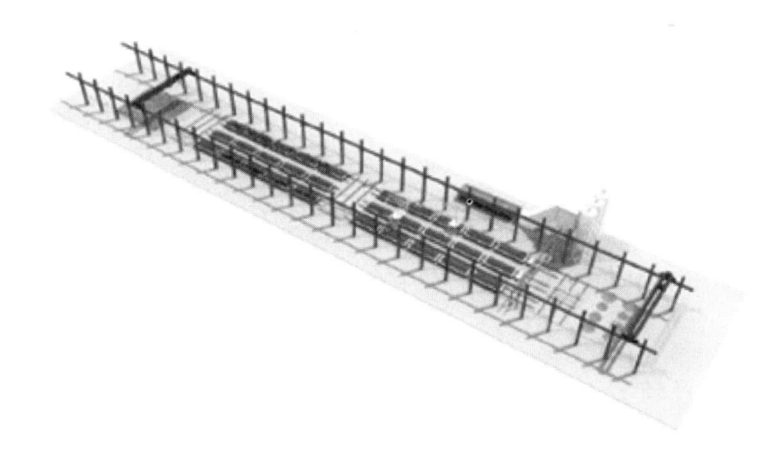

图 4-58　长线模台生产线

4.7　预制成型钢筋网片与钢筋笼技术应用

钢筋焊接网的发明始于 20 世纪初期。在 20 世纪二三十年代，正规的钢筋焊接网厂陆续在美国、德国、英国等地建成，至今已有百余年历史。第二次世界大战后，焊接网除了在欧洲国家普及以外，也逐步进入东南亚国家。新加坡和马来西亚两个国家在政府的推动下，焊接网的设计已作为两国建筑结构设计的首选（图 4-59）。

图 4-59　楼板预制成型钢筋网片

我国青岛钢厂于 1987 年首先从国外引进了焊接网生产线，之后，各地和一些外资公司陆续建成一批钢筋焊接网生产线。目前，国内已具备广泛推广焊接网的应用发展条件，在政府相关部门制订的焊接网发展规划的推动下，我国钢筋焊接网市场潜力巨大，前景广阔（图 4-60、图 4-61）。

4.7.1　焊接钢筋网片与钢筋笼设计流程

通常情况下，设计院结构施工图中的配筋图不能直接用来指导生产加工成型钢筋网片和钢筋笼，需要钢筋加工厂工艺技术人员对设计院的配筋图进行深化设计，生成钢筋网片与钢筋笼深化设计图纸，才能通过专用加工设备进行加工。根据国内外成熟经验来看，焊接钢筋网片与焊接钢筋笼的设计流程大体有如下几个步骤：

图4-60　剪力墙预制成型钢筋网片

图4-61　柱预制成型钢筋笼

（1）施工方为钢筋加工企业提供结构施工图。

（2）钢筋加工企业依据结构施工图及钢筋焊接网片机性能对结构配筋图进行深化设计，从而形成钢筋网片与钢筋笼深化设计图。

（3）根据钢筋网片与钢筋笼深化设计图进行加工制作。

（4）钢筋加工企业将生产制作好的钢筋网片与钢筋笼及深化设计图纸提供给施

工方。

(5) 施工方根据深化设计图纸，直接现场安装钢筋网片与钢筋笼。

4.7.2　成型钢筋网片与钢筋笼技术在 SPCS 体系中的应用

与 4.7.1 节中所述的钢筋网片与钢筋笼设计流程不同，SPCS 体系在设计过程中直接根据后续钢筋成型加工焊接需要将配筋设计成符合钢筋成型加工的形式，使钢筋加工工厂可以根据结构配筋图和构件深化设计图直接生产成型钢筋网片和钢筋笼，大大提高了生产效率。

4.7.3　成型钢筋网片与钢筋笼的生产制作

(1) 成型钢筋网片生产流程

钢筋焊接网在目前计算机行业高速发展的情况下，一般采用自动化生产，人工焊接不再适用。自动化流水线的生产工序，如图 4-62 所示。

纵筋盘卷→调直→牵引
横向分布钢筋盘卷→牵引→调直→切断→落料 } →焊接→网片定尺切断

图 4-62　自动化流水线生产工序

SPCS 体系的墙体网片、梯子形钢筋均可采用此种生产流程。

(2) 成型钢筋笼生产流程

成型钢筋网片、箍筋等生产完毕后，可通过人工焊接架立钢筋的方式，制作成型钢筋笼（图 4-63～图 4-65）。

图 4-63　成型钢筋网片焊接机

图 4-64　焊接成型的钢筋网片

图 4-65　焊接成型的叠合剪力墙钢筋骨架

4.7.4　三一钢筋成型设备简介

（1）全自动柔性钢筋焊网生产线

全自动柔性钢筋焊网生产线（图 4-66）具有以下特点：

1）能适应直径 6～12mm 的钢筋；

2）具备故障报警及自动诊断功能；

3）焊接头水冷，保证设备安全连续生产；

4）能与 PC 控制、生产管理系统共享互联、同步控制；

5）专业焊接控制器，可存储多种焊接规范，参数调整方便、快捷；

6）全集成控制，手动触摸操作，设置生产任务后，一键启动生产；

7）网片横、纵筋动作全伺服控制，调直、定位、送给精度稳定可靠；

8）可配备抓网机械手，与 PC 生产线深度融合；

9）能生产标准、非标网片，网片一次成型无须手工修整，增加了钢筋利用率。

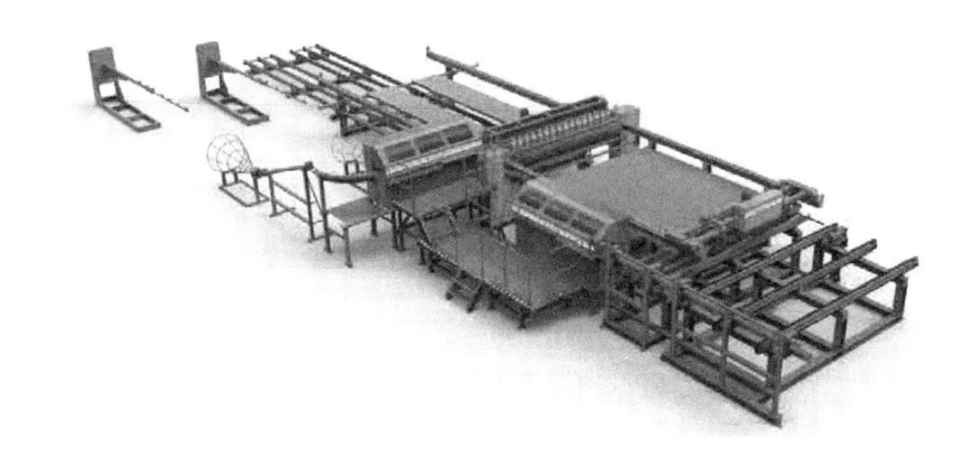

图 4-66　全自动柔性钢筋焊网生产线

(2) 数控全自动钢筋桁架生产线

数控全自动钢筋桁架生产线（图 4-67）具有以下特点：

1）自动控制放线机构，具有独立制动、原材料卡滞/缺料报警功能，确保生产的连续性；

2）具备水平＋垂直两种方式的钢筋调直机构；无级调速的送丝机构确保生产速度的协调；

3）具备 5 根钢筋的缓存机构，易于形成连续生产；

图 4-67　数控全自动钢筋桁架生产线

4）腹筋成形及推送由伺服电机控制，成型精度高，稳定性强；

5）专业厂家开发的焊接控制器，可存储多种焊接规范，焊接参数调整快速、方便；

6）步进机构和摆杆打弯集成一体，精确度高，确保弦筋和腹筋的同步性；

7）全自动集料机构，劳动强度低，效率高；

8）采用SYMC＋计算机＋以太网通信的控制方式，可以通过智能互联，与工厂的ERP集成；

9）具备故障报警及自动诊断功能。

（3）SPCS空腔墙专用钢筋笼生产线

SPCS空腔墙专用钢筋笼生产线（图4-68）由梯形网片自动焊接折弯设备、墙体钢筋笼绑扎成笼设备及辅助设备组成。梯形网片自动焊接折弯设备集钢筋矫直、定尺输送剪切、无极变距自动化焊接、网片输送集料、网片端部折弯封闭等多功能于一体，自动化程度高，生产效率高。产线配置的墙体钢筋笼绑扎成笼设备针对SPCS体系空腔墙钢筋笼结构特点开发，可无极调整梯形网片和纵筋间距并定位其位置，自动化工装结构可灵活变换位置，实现钢筋笼无死角快速绑扎。

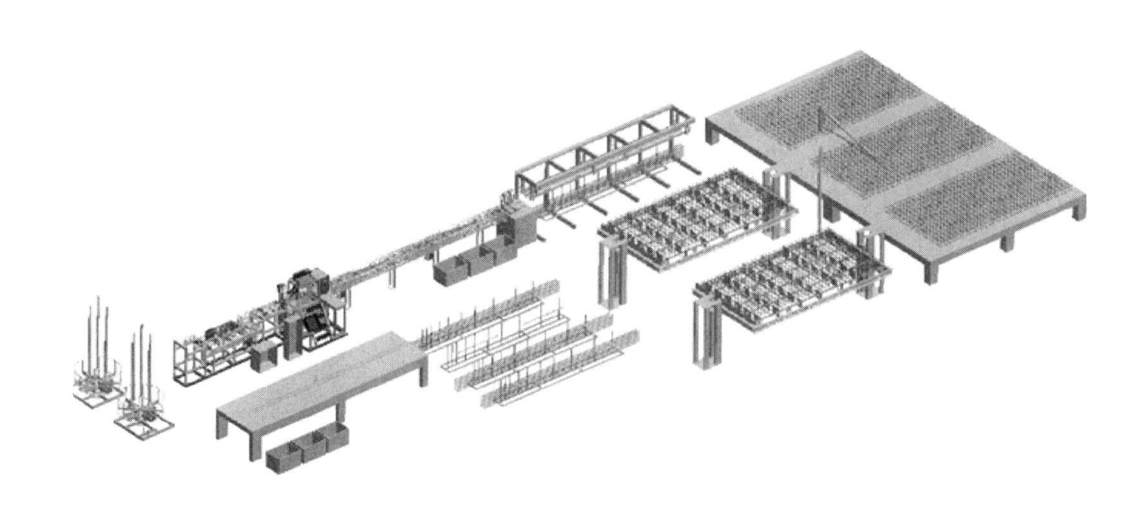

图4-68　SPCS空腔墙专用钢筋笼生产线

（4）SPCS空腔柱钢筋笼生产线

SPCS空腔柱钢筋笼生产线（图4-69）由数控梁柱体钢筋笼组焊设备、数控钢筋调直弯箍一体机、箍筋定形绑扎设备及辅助设备组成。该生产线自动化程度高，箍筋连续一笔弯箍成形，自动化组焊钢筋成笼。其加工钢筋笼结构稳定便于吊装转运、成型精度高，适用于SPCS体系空腔柱构件流水线生产。

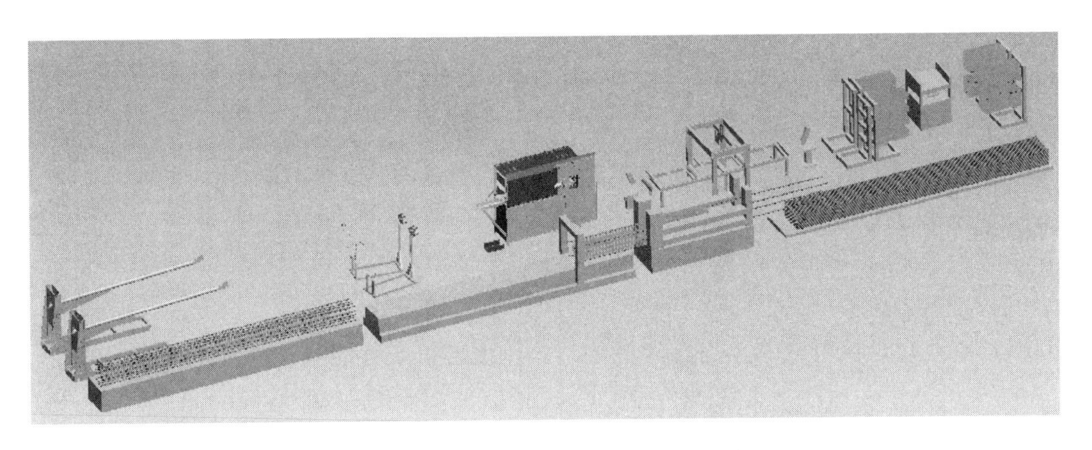

图 4-69　SPCS 空腔柱钢筋笼生产线

第5章　装配整体式SPCS结构施工

与一般的装配式混凝土结构相比，装配整体式SPCS结构体系采用“空腔＋搭接＋现浇”的结构形式，具备以下特点：构件重量轻、便于运输；通过辅助定型铝模及安装装备，节省模板材料；现场安装简便快速、施工质量可靠，最快施工速度可达3d/层，效益显著；可以明显提高建筑的整体刚度、抗震性能和防水性能，并且，现场可充分发挥施工智能优势，实现传统现浇的整体性、安全性和工业化建造效率的完美统一。

5.1　施工准备

5.1.1　人员配置

现场应根据装配整体式SPCS结构建筑的工程特点建立相应组织机构并配置人员。施工管理人员主要岗位包括：项目经理、项目总工、生产经理、技术员等。吊装班组每组配置4～5人，其中有一名班长负责吊装总协调和安装的技术工作。施工作业人员应具备岗位需要的基础知识和技能。

5.1.2　机具设备

1. 起重设备

应根据预制构件形状、尺寸、重量和作业半径等要求选择起重设备。所采用的起重设备及施工操作，应符合国家现行有关标准及产品应用技术手册的规定。

（1）塔式起重机选型与布置原则

由于装配整体式SPCS结构体系预制空腔构件重量仅为传统构件重量的一半左右，因此塔式起重机的选型应充分考虑工期、构件重量、建筑物高度及起重距离，依据下列原则合理规划最经济方案：

① 依据施工流水段合理布置塔式起重机的位置，既要避免出现工作盲区，也要避免塔式起重机浪费；

② 塔式起重机的起重重量与起重半径应满足其覆盖范围内构件吊装的需要；

③ 与结构施工过程紧密配合，合理安排塔式起重机安装时间，避免塔式起重机浪费与闲置；

④ 设计好塔式起重机的安装和拆除空间，满足塔式起重机的安装拆卸要求；

⑤ 合理规划塔式起重机位置，做好塔式起重机与周边建筑物、塔式起重机与塔式起重机之间的相互避让。

一般情况下，对于住宅建筑，装配整体式 SPCS 结构体系采用 ST6015 或 ST6023 两种型号的塔式起重机即可满足施工要求。

(2) 履带式起重机和汽车式起重机

小型建筑或塔式起重机作业盲区可选用履带式起重机或汽车式起重机配合施工，如图 5-1、图 5-2 所示。

图 5-1　履带式起重机

图 5-2　汽车式起重机

2. 施工材料与工具

装配整体式SPCS结构体系施工所用主要施工材料与工具如表5-1所示。

主要施工材料与工具　　表5-1

序号	名称	规格型号	图片	用途
1	全站仪			测量放线
2	水准仪	QS24-DL9		标高测量
3	起重钩			构件吊装
4	起重绳（钢丝绳）			构件吊装

续表

序号	名称	规格型号	图片	用途
5	框架起重梁		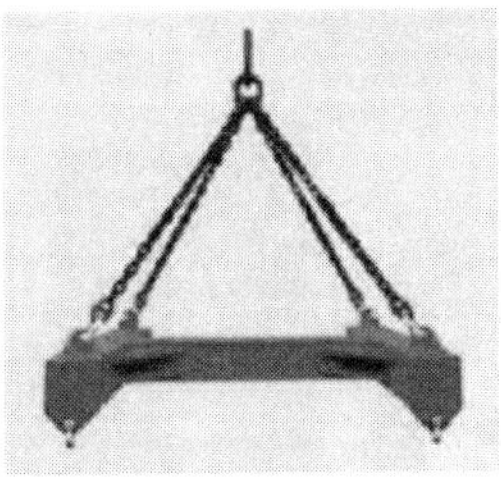	叠合板、楼梯吊装工装
6	单根起重梁		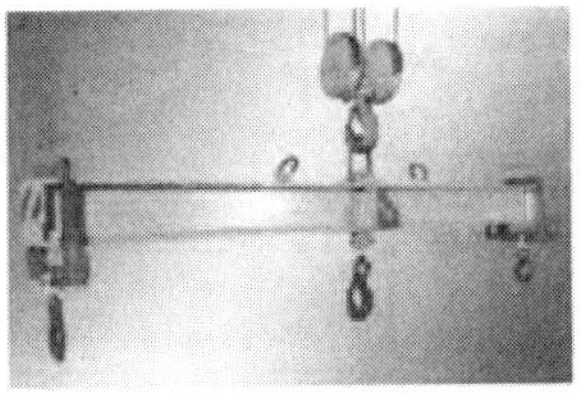	叠合墙板、柱吊装
7	捯链	5t/10t	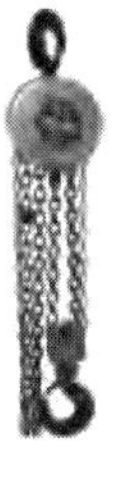	构件校正
8	塑料垫片	5/2/1	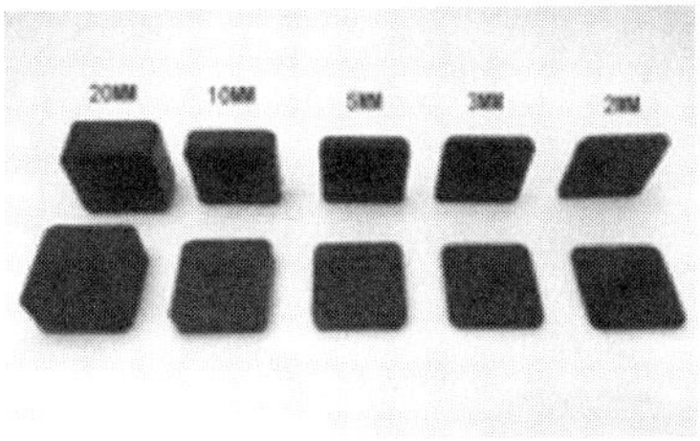	预制件标高调节

续表

序号	名称	规格型号	图片	用途
9	电动扳手			螺栓锁紧
10	膨胀螺栓		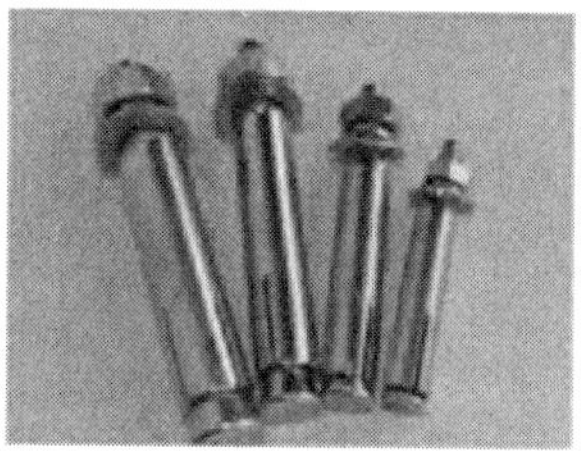	固定斜支撑
11	斜支撑			预制构件固定
12	角磨机	GWS8-10		墙体切割、磨平
13	可调组合套筒			钢筋连接

续表

序号	名称	规格型号	图片	用途
14	冷挤压套筒			钢筋连接
15	检测尺	2m	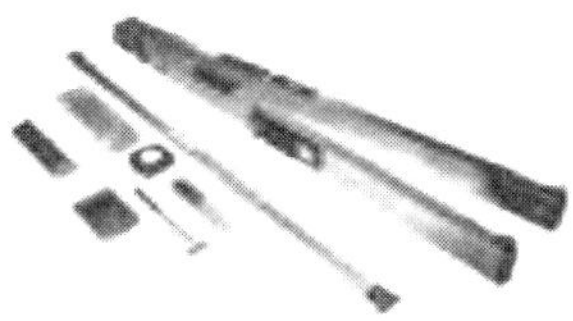	构件安装垂直度检测
16	撬棍			构件调整
17	铝模板			后浇节点模板

5.1.3 施工道路

场内通道宜满足构件运输车辆平稳、高效、节能的行驶要求，运输道路必须平整坚实，并且路宽应不小于 4m，转弯半径不小于 9m。

5.1.4 技术文件

施工前，应由建设单位组织设计、施工、监理等单位对设计文件进行交底和会审。装配整体式 SPCS 结构施工应制定专项方案。

5.1.5 构件运输与堆放

构件运输与堆放应制定预制构件的运输与堆放方案，其内容应包括运输时间、次序、堆放场地、运输线路、固定要求、堆放支垫及成品保护措施等，对于超高、超宽、形状特殊的大型构件堆放应有专门的质量安全保证措施。

1. 构件运输

工厂生产的构件需采用平板车运输至施工现场，运输车需要设置缓冲装置保护构件。叠合板、预制楼梯、预制梁、预制空腔柱需平放运输，预制空腔墙则需竖直放置运输。为避免构件在运输过程中发生损坏，预制空腔墙的倾斜角度应保持大于 85°，并有效固定或使用专用运输车运输，如图 5-3～图 5-5 所示。预制构件进场后，应对构件质量进行验收。构件进场验收要求详见本章第 5.4 节。

图 5-3　叠合板运输

图 5-4　预制空腔墙专用运输车

图 5-5　预制楼梯运输

2. **构件码放**

预制构件运输到现场后应堆放在塔式起重机有效工作范围内，平放的预制构件底面（如叠合板、预制梁、预制空腔柱等）要求架设定型混凝土块或枕木，预制空腔墙应放置于专用构件存放架上，避免损伤。现场构件堆放示例如图 5-6～图 5-9 所示。

图 5-6　预制空腔墙堆放

存放场地应坚实平整，并应有排水措施。根据施工场内条件按需设置构件临时堆放场地，临时堆放场地应设在塔式起重机覆盖的作业范围内。构件现场存放基本要求如下：

（1）预制构件运送到施工现场后，应按规格、种类、使用部位、吊装顺序分别存放。

图 5-7 叠合板堆放

图 5-8 预制阳台堆放

图 5-9 预制楼梯堆放

（2）预制构件存放场地应设置在吊装设备的有效起重范围内且不受其他工序作业影响的区域，应在堆垛之间设置通道，通道间距 0.8～1.2m。同时，堆放场地内应规划构件修补区与报废构件存放区。

（3）薄弱构件、构件薄弱部位和门窗洞口应采取防止变形开裂的临时加固措施。

（4）预制空腔墙构件应采用专用插放架或靠放架，插放架或靠放架应具有足够的强度和刚度，并应支垫稳固。当采用插放架时，宜采取直立方式；当采用靠放架时，墙板与地面倾斜角度宜大于 80°，墙板宜对称靠放且外饰面朝外，构件上部宜采用木垫块隔离。

（5）叠合板、阳台板和空调板等预制构件宜平放，长期存放时，应采取措施控制预应力构件起拱值和叠合板翘曲变形。

（6）预制楼梯、预制阳台及叠合板叠放层数应分别不超过 3 层、2 层和 6 层，底部通长铺设垫木，每排垫木成直线。

（7）当构件运输和存放对已完成结构、基坑有影响时，应经计算复核，并采取相应的技术措施。

5.2　施工工艺流程

装配整体式 SPCS 结构体系施工工艺流程，如图 5-10 所示。

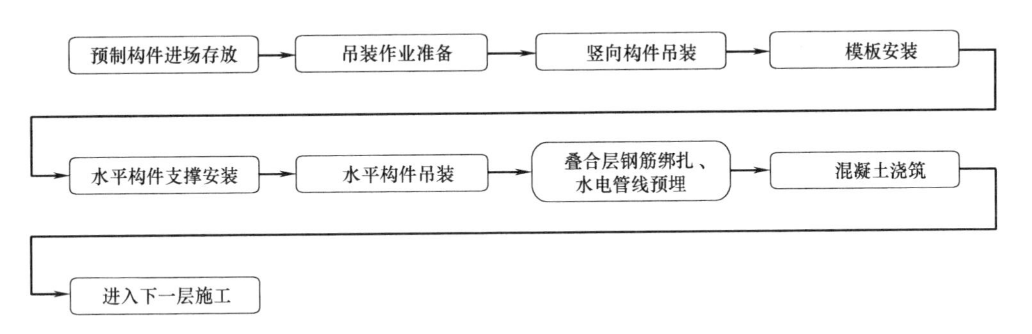

图 5-10　装配整体式 SPCS 结构体系施工工艺流程

5.3　施工操作要点

5.3.1　预制空腔墙

1. 测量放线

测量放线人员使用全站仪在作业层混凝土上表面弹设控制线，以便安装墙体就位，包括：墙体及洞口边线、墙体平面位置控制线、作业层500mm标高控制线（可标记在混凝土楼板插筋上，或其他竖向构件上），并在现场标注预制空腔墙编号。墙体测量放线控制示意如图5-11所示。

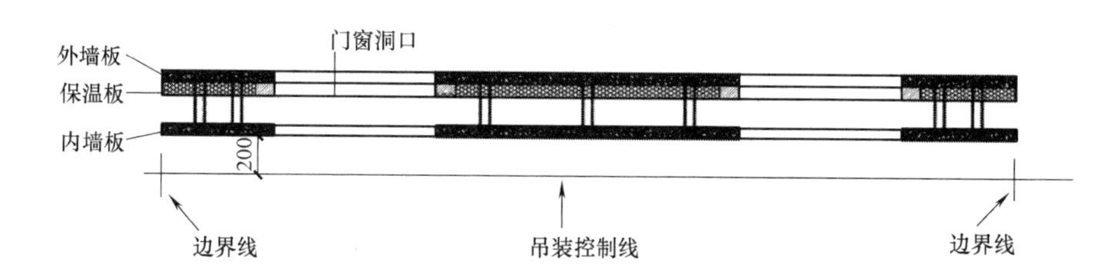

图5-11　墙体测量放线控制示意图

2. 基层清理

对基层接槎部位进行凿毛处理，凿毛必须在混凝土终凝之后开始，以露出坚硬石子为标准。用水清理结合面，并保持基面清洁。

3. 预埋连接钢筋校正

检查墙体竖向钢筋预留位置是否符合标准，其位置偏移量不得大于规范要求。如超过允许偏差需按水平偏移量（ξ）/变形段钢筋高度（H）≤1/6的要求先进行冷弯校正，并整理扶直，清除浮浆。

4. 安装墙体标高调节垫片

空腔墙安装前，施工人员依据设计标高放置垫片进行标高调节及找平，找平层通常设计为50mm，垫片采用专用垫块，放置在空腔墙预制墙体下方，如图5-12所示。

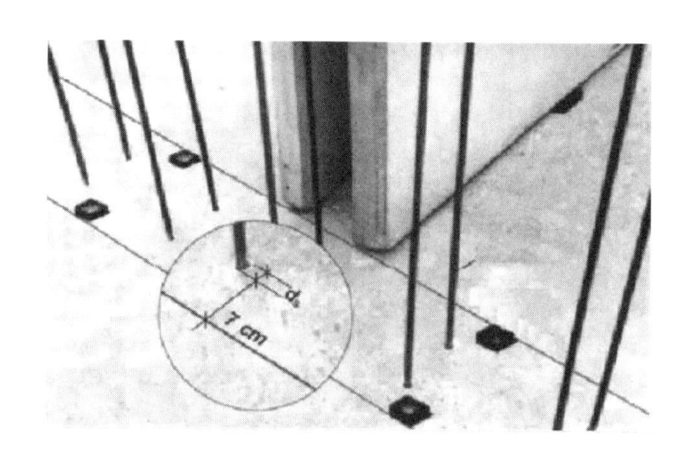

图5-12　垫片标高调节示意图

5. 预制空腔墙吊装

1）空腔墙吊装前，施工管理及操作人员应熟悉施工图纸，按照吊装流程核对构件类型及编号，确认安装位置，并标注吊装顺序。

2）预制空腔墙构件宜采用专用吊装钢梁起吊，起重设备的主钩位置、吊具及构件中心在竖直方向上宜重合，吊索与构件水平夹角不宜小于60°，不应小于45°。

3）待预制空腔墙底边升至距地面1m处时略作停顿，再次检查吊挂是否牢固，板面有无污染破损、裂纹或其他外观质量问题，确认无误后，继续提升使之慢慢靠近安装作业面。

4）当预制空腔墙吊装至距作业面上方1m左右的地方时略作停顿，施工人员可通过拉拽方式使墙板靠近作业面，手扶墙板控制墙板下落方向，使之对准预留插筋，平稳就位，如图5-13所示。

5）预制空腔墙安装就位后应按专项施工方案要求设置斜支撑，每个预制空腔墙的斜支撑不宜少于2组，每组支撑上部支撑点距离底部的距离不宜小于高度的2/3，且不应小于高度的1/2，如图5-14所示。

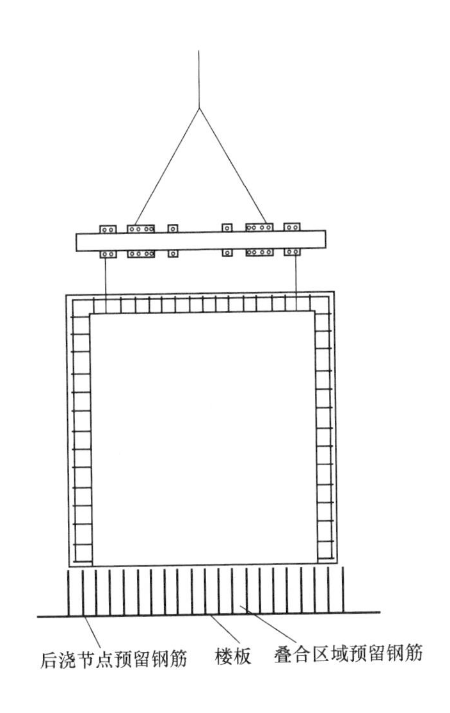

图5-13　预制空腔墙构件吊装示意图

6）预制空腔墙校正

① 平行于墙板长方向水平位置校正措施：根据楼板面上弹出的墙板位置线对墙板

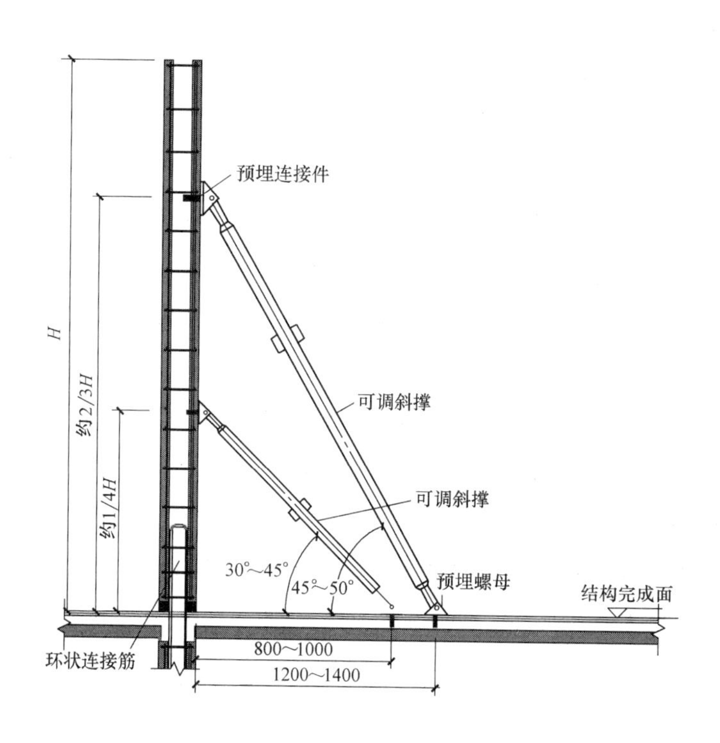

图5-14　预制空腔墙构件临时支撑（mm）

位置进行校正，校正工具通常有千斤顶或撬棍。在调整过程中，可结合调整工装，避免撬棍对墙板下口混凝土的损伤。

② 垂直于墙板长方向水平位置校正措施：利用短斜撑调节杆，对墙板根部进行调节以控制墙板水平的位置。

③ 墙板垂直度校正措施：待墙板水平就位调节完毕后，利用长斜撑调节杆，通过调整墙体顶部的水平位移的调节来控制墙体的垂直度。

6. 后浇节点施工

预制空腔墙后浇节点处模板安装宜采用铝模，采用内外双侧支模，模板应粘贴海绵条防止漏浆。预制空腔墙后浇节点主要连接方式分为L形连接、T形连接。

（1）典型L形连接节点施工步骤：

① 预制空腔墙安装就位后，在内部放置环状连接钢筋；

② 吊装L形预制转角构件；

③ 将预放在空腔墙内的环形钢筋穿入到L形预制转角构件钢筋笼内，安装定型铝模板，如图5-15、图5-16所示。

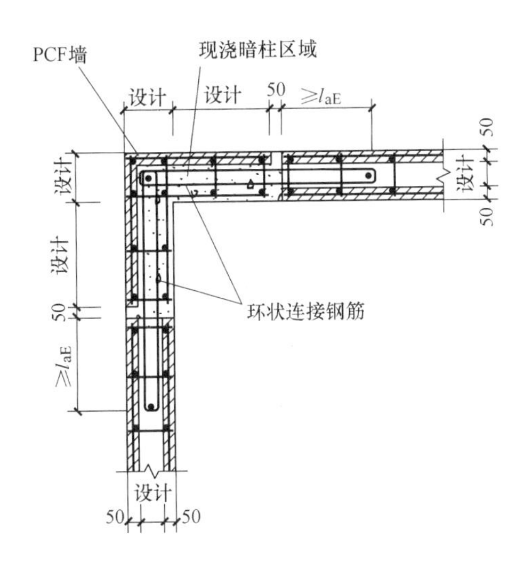

图5-15 L形连接节点图

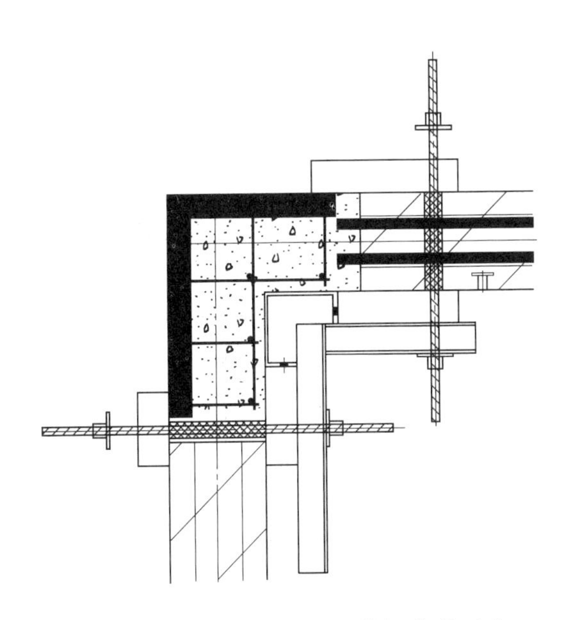

图5-16 L形转角构件铝模板安装示意

(2) 典型T形连接节点施工步骤：

① 预制空腔墙安装就位后，在内部放置环形连接钢筋。

② 吊装T形钢筋笼。

③ 将预放在预制空腔墙体内的环形钢筋穿入T形成型钢筋笼内，安装铝模板，如图5-17、图5-18所示。

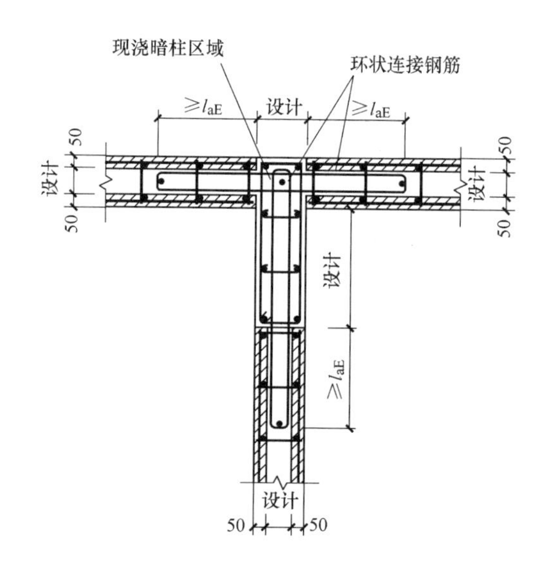

图 5-17　T形连接节点图（mm）

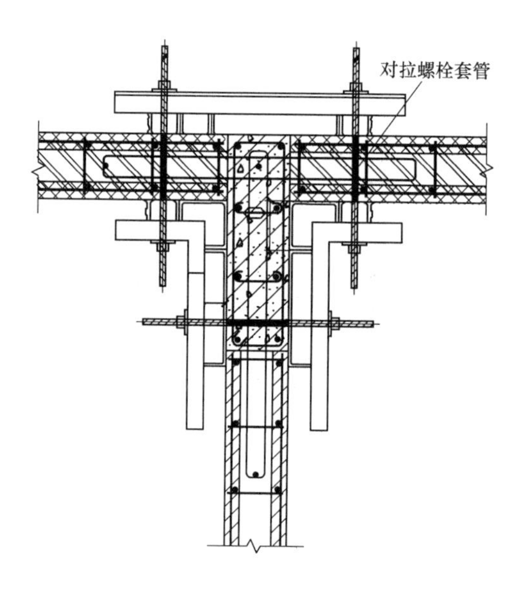

图 5-18　T形连接段铝模板安装示意

7. 预制空腔墙接缝堵缝

（1）竖向接缝

预制空腔墙竖向接缝位于建筑物外侧时，应在浇筑混凝土前用PE棒做好堵缝，并于外墙外装饰施工时，填补结构胶或防水密封胶。如图5-19所示。

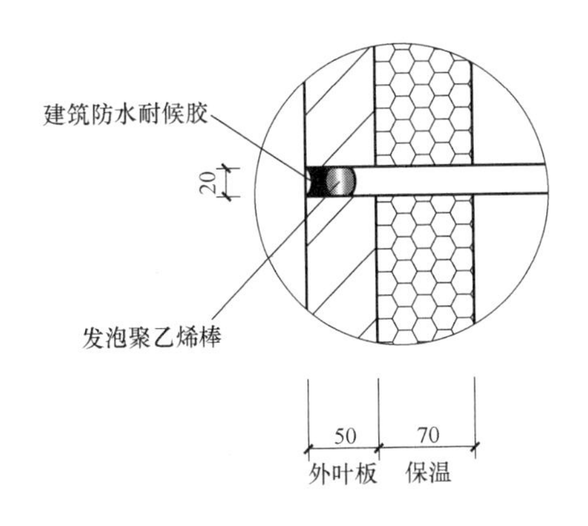

图 5-19　预制空腔墙外侧拼接缝节点图

（2）水平接缝

预制空腔墙与下部楼板之间的水平缝隙通常为 50mm，采用夹具进行封堵，如图 5-20 所示。

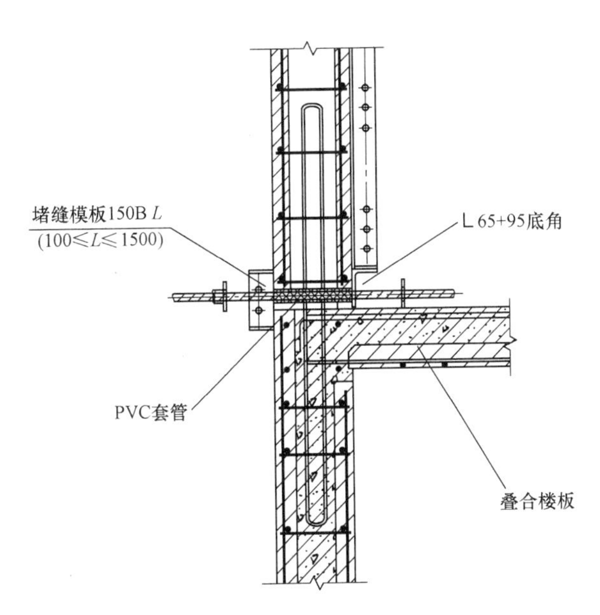

图 5-20　预制空腔墙与楼板水平接缝封堵节点图

5.3.2　预制空腔柱

1. 测量放线

测量放线人员通过全站仪在作业层混凝土上表面弹设控制线，以便安装预制空腔柱就位，包括预制空腔柱边线、作业层 500mm 标高控制线。

2. 基层清理

安装预制空腔柱前应清理结合面，并保持基面清洁。

3. 外露连接钢筋校正

应去除下层预制空腔柱预留钢筋上的保护，并清洁预留钢筋。采用专用钢筋卡具等检查预留钢筋的位置与尺寸，对超过允许偏差的钢筋进行校正处理。

4. 预制空腔柱吊装

（1）预制空腔柱吊装前，施工管理及操作人员应熟悉施工图纸，按照吊装流程核对构件类型及编号，确认安装位置，标注吊装顺序，并在柱体上弹出标高控制线。

（2）预制空腔柱吊装应采用专用吊装工具，如图5-21所示，吊装过程中应注意对预制空腔柱的保护。用塔式起重机缓缓将预制空腔柱吊起，待预制空腔柱的底边升至距地面1m左右时略作停顿，再次检查吊挂是否牢固，空腔柱表面有无污染破损。确认无误后，继续提升使之慢慢靠近安装作业面。

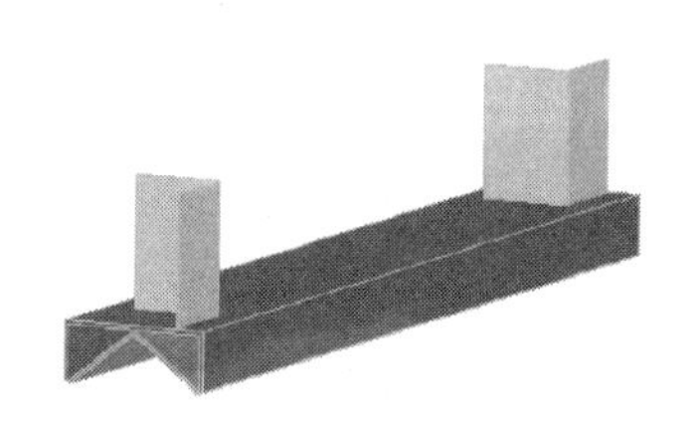

图5-21　预制空腔柱专用吊梁

（3）当预制空腔柱吊装至距离作业面1m左右的地方时略作停顿，施工人员可通过拉拽方式使柱体靠近作业面，手扶预制空腔柱，控制柱体下落方向，使之平稳就位，如图5-22所示。

图5-22　预制空腔柱吊装

（4）预制空腔柱后浇筑节点钢筋连接

待柱体标高、位置均调整就位后，进行柱纵筋连接，预制柱的外露钢筋通过挤压或专用连接件（可调组合套筒）与下部预留钢筋连接，如图 5-23 所示。用检测尺检测预制柱安装垂直度，并及时校正到位。

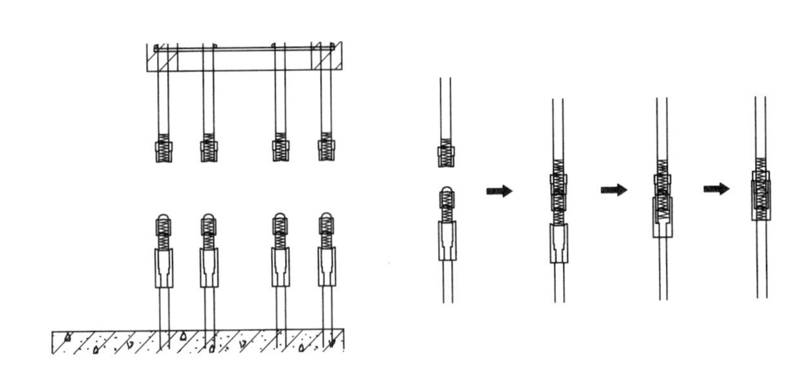

图 5-23　柱体后浇节点钢筋连接

5. 后浇节点支模

预制空腔柱预制层下边缘与楼板面之间的后浇节点与预制空腔柱柱体空腔部分需现场浇筑混凝土，隐蔽工程验收后，对后浇节点处进行支模，如图 5-24 所示。

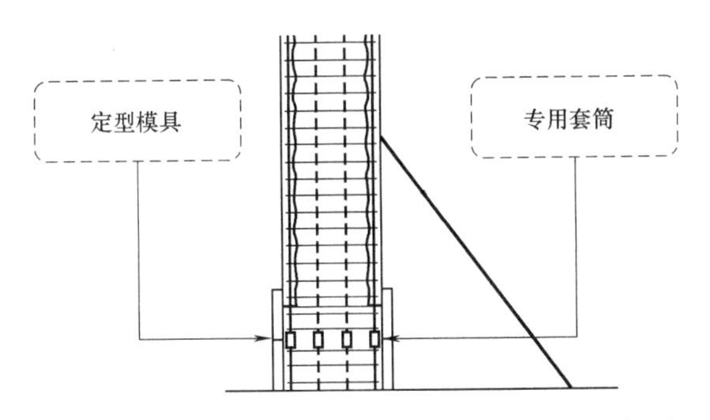

图 5-24　预制空腔柱后浇节点模板支设示意图

5.3.3　预制梁、叠合板

（1）测量放线

根据轴线和标高控制线在墙体及柱体上放设出预制梁、叠合板位置控制线及标高控制线。检查墙、柱结合面的标高是否满足要求，超高的部分则应采用角磨机将墙体超高部分切割掉；反之则进行砂浆找平，以保证预制梁和叠合板的顺利安装。

（2）支撑及模板搭设

1）预制梁与叠合板安装可采用独立支撑体系。独立支撑体系安装前应根据计算确定过的支撑间距放设出支撑位置线，根据梁底、板底标高线微调节支撑的支设高度，使工具梁顶面达到设计位置。

2）叠合板与预制梁采用铝或其他模板组合方式，如图 5-25 所示。

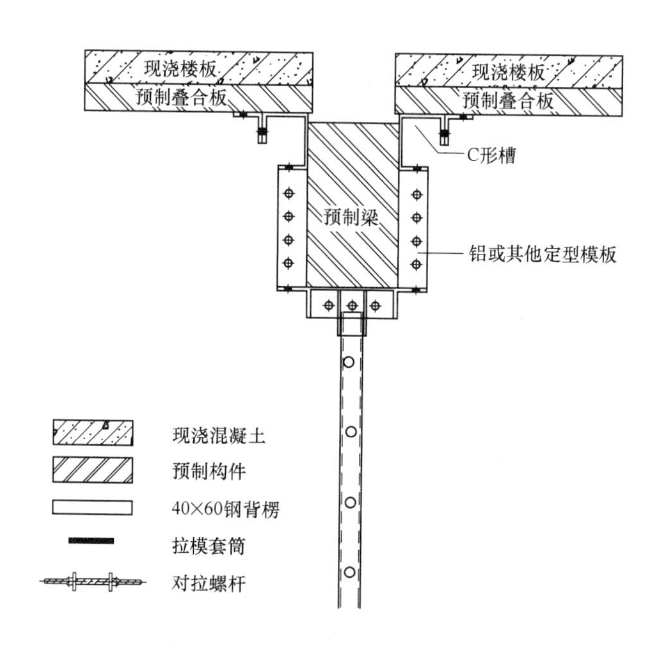

图 5-25 预制梁、叠合板节点处铝模搭设示意图

（3）预制梁、叠合板安装

1）安装过程中应遵循先安装预制梁，后安装叠合板的顺序。预制梁起吊时，宜采用一字形吊梁进行吊装。预制板吊装时，应选用框架吊梁进行吊装，如图 5-26、图 5-27 所示。

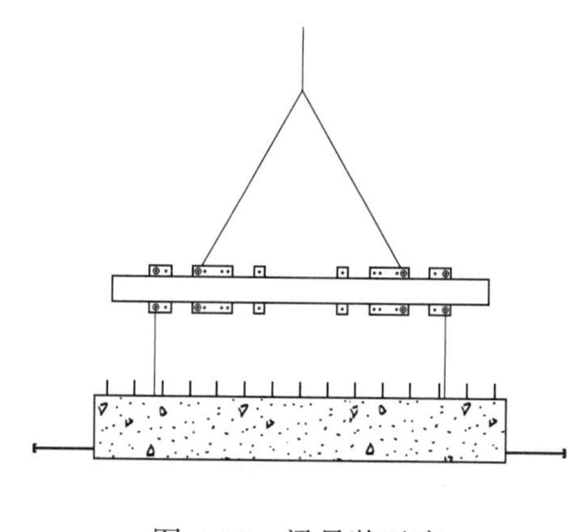

图 5-26 梁吊装示意

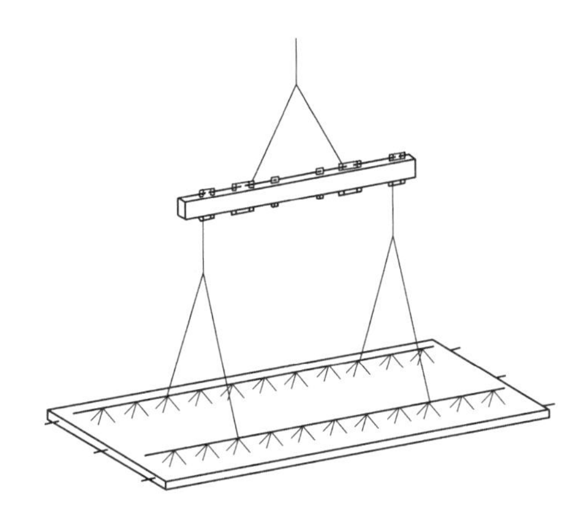

图5-27　板吊装示意

2）预制梁、叠合板就位时，应从上向下垂直安装，并在作业面上空200mm处略作停顿，施工人员手扶构件进行调整，将梁、板的边线与位置线对准，注意避免预制叠合板底板上预留钢筋与墙体或梁箍筋碰撞变形。如图5-28、图5-29所示。

图5-28　预制梁安装

图5-29　预制叠合板安装

（4）预制梁、叠合板的调整

1）调整预制梁时，可使用橡胶锤轻轻敲击梁侧对梁进行微调。调整板的位置时，宜采用楔形小木块嵌入调整，不宜直接使用撬棍，以避免损坏板边角。

2）预制梁、叠合板安装就位后，利用板下可调支撑调整构件标高。

（5）机电管线铺设

预制梁、叠合板安装完毕，首先应敷设结构现浇层的机电管线。机电管线在深化设计阶段应进行优化，合理排布，管线连接处应采用可靠的密封措施。如图5-30所示。

图5-30　机电管线铺设

（6）现浇层钢筋绑扎

1）预制空腔墙位置应安装下一层叠合区预留钢筋，并用钢筋卡具进行固定。预留钢筋的规格、型号、数量、位置应严格依据设计图纸施工。

2）楼板叠合层钢筋绑扎前清理干净叠合板上面的杂物，并根据钢筋间距弹线绑扎，上部受力钢筋带弯钩时，弯钩向下摆放，应保证钢筋搭接和间距均符合设计要求。

5.3.4　混凝土浇筑

1）为使叠合层与预制叠合板板底结合牢固，混凝土浇筑前应清洁叠合面，对污染部分应凿去一层，露出未被污染的表面。

2）混凝土浇筑前，应使用定位卡具检查并校正预制构件的连接预埋钢筋，浇筑混凝土前应对插筋露出部分进行充分保护，避免浇筑混凝土时污染钢筋接头。

3）混凝土浇筑时，应先浇筑空腔墙空腔混凝土，且应按顺序进行分层浇筑，每层混凝土厚度不超过1000mm，待所有空腔墙均浇筑完第一层混凝土后方可进行第二层浇筑。

4）混凝土浇筑时，为保证预制叠合板板底受力均匀，混凝土浇筑宜从中间向两边浇筑，并且混凝土应连续浇筑，一次完成。

5）空腔构件与周边现浇混凝土结构连接处混凝土浇筑时，应加密振捣点，保证结合部位混凝土的振捣质量。

6）混凝土浇筑完成后，及时做好养护。

5.3.5　预制楼梯

楼梯安装工艺流程：测量放线→预埋锚钉复核→找平坐浆→楼梯吊装→校正→灌浆→成品保护。

1. 测量放线

预制楼梯吊装前，测量员使用全站仪与水准仪测量并弹出楼梯端部控制线、侧边的位置线及楼梯上下平台的标高线。

2. 锚钉复核

锚钉位置验收的准确性直接影响楼梯的安装，可使用多功能检测尺进行快速检查及校正预埋锚钉，多功能检测尺能够快速、精准地测出螺栓位置、垫片高度以及楼梯是否能够正确安装，如图 5-31、图 5-32 所示。

图 5-31　楼梯锚钉连接

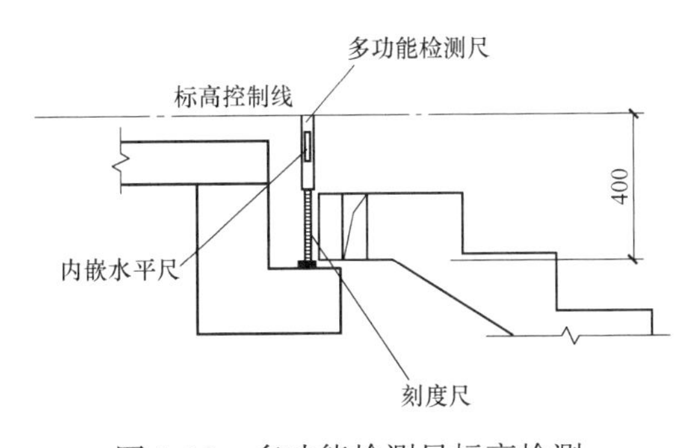

图 5-32　多功能检测尺标高检测

3. 坐浆及找平

楼梯板的上端和下端，每个端部应放置 2 组垫块，每组垫块均要测量标高，确保踏步水平。垫块总高 L 要求为 $10\text{mm} \leqslant L \leqslant 20\text{mm}$。垫块放置完后，应立即用砂浆将垫块固定，防止垫块被移动，如图 5-33 所示。坐浆时应将木方条钉成一个框，或用木方条靠紧，形成坐浆区域。在有垫块的区域，砂浆应距离垫块约 2cm，防止墙板坐落时，砂浆压溃到垫块上。

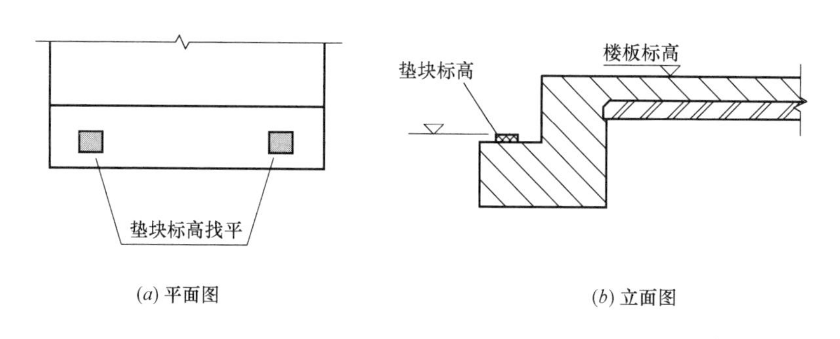

图 5-33　垫块找平

4. 楼梯安装

方案一：预制楼梯采用水平吊装，用螺栓将通用吊耳与楼梯板预埋吊装内螺母连接，起吊前检查卸扣卡环，确认牢固后方可继续缓慢起吊。楼梯吊装点高差为 H，为保证楼梯能进入楼梯间，吊装用钢丝绳必须保证高差为 H，预制楼梯板模数化吊装示意如图 5-34 所示。

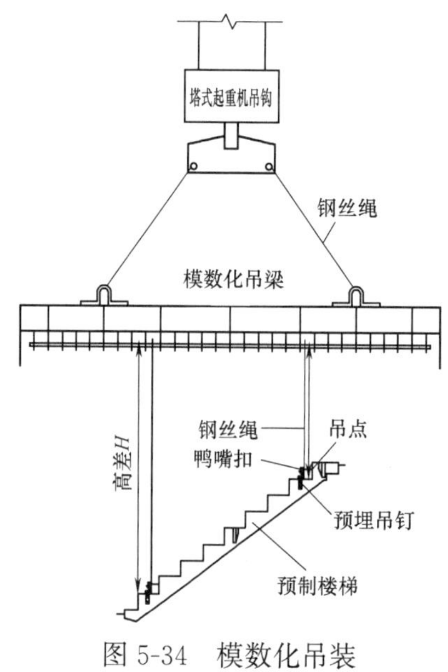

图 5-34　模数化吊装

方案二：预制楼梯板挂钩方案采用吊链、手拉葫芦、卡扣、挂钩等组合起吊，如图 5-35 所示。

图 5-35　手拉葫芦吊

用塔式起重机缓缓将构件吊起，吊离地面 300～500mm 时略作停顿，检查塔式起重机稳定性、制动装置的可靠性、构件的平衡性、吊挂的牢固性以及板面有无污染破损，若有问题必须立即处理；起吊时使构件保持水平，然后安全、平稳、快速的吊运至安装地点。楼梯就位时，使上下楼梯的预埋锚钉与楼梯预留洞口相对应，边线基本吻合，人工辅助楼梯缓慢下落，基本落实后人工微调，使边线吻合，落实、摘钩。

5. 灌浆封堵

预制楼梯与钢梁的水平间隙除坐浆密实外，多余的空隙采用聚苯填充；预制楼梯与钢梁、休息平台的竖向间隙从下至上依次为聚苯填充、塞入 PE 棒和注胶、注胶面与踏步面、休息平台齐平，如图 5-36、图 5-37 所示。

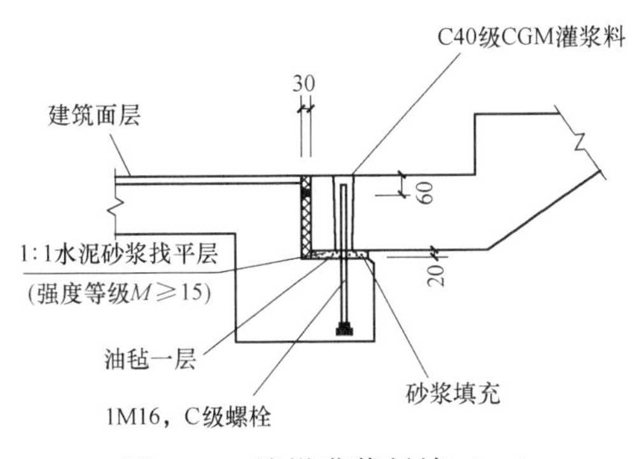

图 5-36　楼梯灌浆封堵（一）

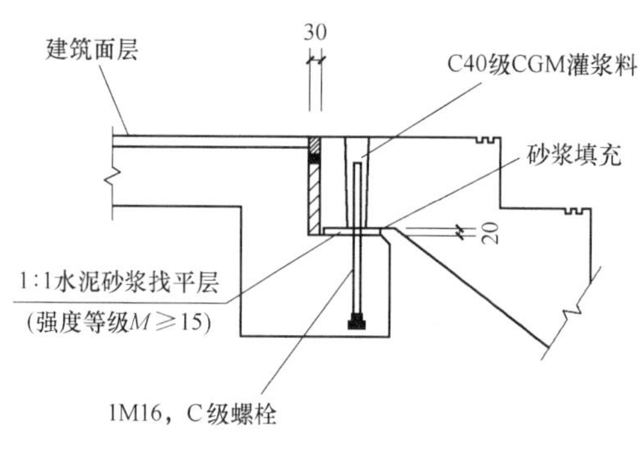

图5-37 楼梯灌浆封堵（二）

6. **成品保护**

楼梯板安装完成后，立即用木板对楼梯进行成品保护，防止楼梯板棱角、踏步等在施工中被损坏。楼梯成品保护如图5-38所示。

图5-38 楼梯成品保护

5.4 质量控制与验收

5.4.1 预制构件进场验收

1. **验收程序**

预制构件运至现场后，施工单位应组织构件生产企业、监理单位对预制构件的质量进行验收，验收内容包括质量证明文件验收和结构性能检验、构件外观质量等。未经进场验收或进场验收不合格的预制构件严禁使用。施工单位应对构件进行全数验收，监理单位对构件质量进行抽检，发现存在影响结构质量或吊装安全的缺陷时，不得验收通过。

2. 验收内容

（1）主控项目

1）预制构件的质量应符合本验收标准和国家、行业、地方现行有关标准的规定及设计要求。

检查数量：全数检查。

检验方法：检查质量证明文件或质量验收记录。

预制构件进场应检查质量证明文件，质量证明文件包括：产品合格证明书、混凝土强度检验报告及其他重要检验报告等。

预制构件的原材、构配件等检验报告在构件进场时可不提供，但应在构件生产单位存档保存，以便需要时查阅。

对于进场时不做结构性能检验的预制构件，质量证明文件尚应包括预制构件生产过程的关键验收记录，例如钢筋隐蔽工程验收记录、预应力筋张拉记录。

2）预制构件结构性能检验应符合现行国家标准《混凝土结构工程施工质量验收规范》GB 50204 及国家、行业、地方现行有关标准的规定和设计要求。构件结构性能检验不合格的构件不得使用。

检验数量：同一类型构件预制构件不超过 1000 个为一批，每批随机抽取 1 个构件进行结构性能检验。

检验方法：检查结构性能检验报告或实体检验报告。

注："同一类型"是指同一钢种、同一混凝土强度等级、同一生产工艺和同一结构形式。抽取预制构件时，宜从设计荷载最大、受力最不利或生产数量最多的预制构件中抽取。

根据现行国家标准《混凝土结构工程施工质量验收规范》GB 50204 要求，对于梁板类全预制简支受弯预制构件（含预制楼梯等）进场时应进行结构性能检验，但是对于叠合构件（叠合板、叠合梁、叠合剪力墙）是否进行结构性能检验、结构性能检验的方式应根据设计要求确定。

对于进场时不做结构性能检验的预制构件，施工单位或监理单位代表应驻厂监督生产过程；当无驻厂监督时，预制构件进场时应对其主要受力钢筋数量、规格、间距、保护层厚度及混凝土强度等进行实体检验。

对于多个工程共同使用的同类型预制构件，可在多个工程的施工、监理单位的见证下共同委托进行结构性能检验，其结果对多个工程共同有效。

结构性能检验通常应在构件进场时进行，但考虑检验的方便性，工程中多在各方参与下并在预制构件生产场地进行，或经有关单位见证，送试验室进行。

3）预制构件的外观质量不应有严重缺陷，且不应有影响结构性能、安装和使用功能方面的尺寸偏差。

检查数量：全数检查。

检验方法：观察、尺量；检查处理记录。

4）预制构件上的预埋件、预留插筋、预埋管线等的规格和数量，以及预留孔、预留洞的数量应符合设计要求。

检查数量：全数检查。

检验方法：观察。

5）预制构件表面预贴饰面砖、石材等饰面与混凝土的粘结性能应符合设计和现行国家、行业、地方有关标准的规定。

检查数量：按批检查。

检验方法：检查拉拔强度检验报告。

（2）一般项目

1）预制构件应有标识。

检查数量：全数检查。

检查方法：观察。

2）预制构件外观质量不应有一般缺陷。

检查数量：全数检查。

检验方法：观察，检查技术处理方案和处理记录。

对于出现的一般缺陷，应要求构件生产单位按技术处理方案进行处理，并重新检查验收。

3）预制构件粗糙面的外观质量、键槽的外观质量和数量应符合设计要求。

检查数量：全数检查。

检验方法：观察，量测。

4）预制构件表面预贴饰面砖、石材等饰面与装饰混凝土的外观质量应符合设计要求和现行国家、行业、地方有关标准的规定。

检查数量：按批检查。

检验方法：观察或轻击检查，与样板对比。

5）预制构件尺寸偏差和检验方法应符合表5-2～表5-4所示的规定。设计有专门规定时，尚应符合设计要求。预制构件有粗糙面时，与预制构件粗糙面相关的尺寸偏差可适当放大至1.5倍。

检查数量：按照进场构件数量，每100件为一批，不足100件也作为一个检验批，同一类型的构件每次抽检数量不应少于该批次数量的5%且不少于3件。

预制楼板类构件外形尺寸允许偏差和检验方法　　　　**表 5-2**

<table>
<tr><th>序号</th><th colspan="3">检查项目</th><th>允许偏差
(mm)</th><th>检验方法</th></tr>
<tr><td rowspan="3">1</td><td rowspan="5">规格尺寸</td><td rowspan="3">长度</td><td><12m</td><td>±5</td><td rowspan="4">用尺量两端及中部，取其中偏差绝对值较大值</td></tr>
<tr><td>≥12m 且<18m</td><td>±10</td></tr>
<tr><td>≥18m</td><td>±20</td></tr>
<tr><td>2</td><td colspan="2">宽度</td><td>±5</td></tr>
<tr><td>3</td><td colspan="2">厚度</td><td>±5</td><td>用尺量板四角和四边中部位置，共 8 处，取其中偏差绝对值较大值</td></tr>
<tr><td>4</td><td colspan="3">对角线差</td><td>6</td><td>在构件表面，用尺量测两对角线的长度，取其绝对值的差值</td></tr>
<tr><td rowspan="2">5</td><td rowspan="4">外形</td><td rowspan="2">表面平整度</td><td>内表面</td><td>4</td><td rowspan="2">将 2m 靠尺安放在构件表面上，用楔形塞尺量测靠尺与表面之间的最大缝隙</td></tr>
<tr><td>外表面</td><td>3</td></tr>
<tr><td>6</td><td colspan="2">楼板侧向弯曲</td><td>$L/750$ 且 ≤20mm</td><td>拉线，钢尺量最大弯曲处</td></tr>
<tr><td>7</td><td colspan="2">翘曲</td><td>$L/750$</td><td>四对角拉两条线，量测两线交点之间的距离，其值的 2 倍为扭翘值</td></tr>
<tr><td rowspan="2">8</td><td rowspan="6">预埋部件</td><td rowspan="2">预埋钢板</td><td>中心线位置偏差</td><td>5</td><td rowspan="6">尺量</td></tr>
<tr><td>平面高差</td><td>0，−5</td></tr>
<tr><td rowspan="2">9</td><td rowspan="2">预埋螺栓</td><td>中心线位置偏移</td><td>2</td></tr>
<tr><td>外露长度</td><td>+10，−5</td></tr>
<tr><td rowspan="2">10</td><td rowspan="2">预埋套筒、螺母</td><td>中心线位置</td><td>2</td></tr>
<tr><td>与混凝土表面高差</td><td>0，−5</td></tr>
</table>

续表

序号	检查项目			允许偏差（mm）	检验方法
11	预埋部件	预埋线盒、电盒	在构件平面的水平方向中心位置偏差	10	尺量
			与构件表面混凝土高差	0，−5	
12	预留孔	中心线位置偏移		5	尺量
		孔尺寸		±5	
13	预留洞	中心线位置偏移		5	尺量
		洞口尺寸、深度		±5	
14	预留插筋	中心线位置偏移		3	尺量
		外露长度		±5	
15	吊环、木砖	中心线位置偏移		10	尺量
		留出高度		0，−10	
16	桁架筋高度			+5，0	尺量
17	键槽	中心线位置		5	尺量
		长度、宽度、深度		±5	

注：1. L 为构件长度，单位为mm。
2. 检查中心线、螺栓和孔道等位置偏差时，沿纵、横两个方向量测，并取其中偏差较大值。

预制叠合墙板类构件外形尺寸允许偏差和检验方法　　表5-3

项次	检查项目		允许偏差（mm）	检验方法
1	规格尺寸	高度	±4	用尺量两端及中部，取较大值

续表

项次	检查项目			允许偏差（mm）	检验方法
2	规格尺寸	宽度		±4	用尺量两端及中部，取较大值
3		厚度		±3	用尺量板四角和四边中部位置，共 8 处，取其中偏差绝对值较大值
4	对角线差			5	在构件表面，用尺测量两对角线的长度，取其绝对值的差值
5	两层页板相对位置偏差			5	用尺量，取最大值
6	外形	表面平整度	内表面	4	将 2m 靠尺安放在构件表面，用楔形塞尺量测靠尺与表面之间的最大间隙
			外表面	3	
7		侧向弯曲		$L/1000$ 且≤20mm	拉线，钢尺量最大弯曲处
8		扭翘		$L/1000$	四对角拉两条线，量测两线交点之间的距离
9	预埋部件	预埋钢板	中心线位置偏移	5	用尺量纵横两个方向的中心线位置，记录其中较大者
			平面高差	0，−5	将尺紧靠在预埋件上，用楔形塞尺量测预埋件表面与混凝土面之前的最大间隙
10		预埋螺栓	中心线位置偏移	2	用尺量纵横两个方向的中心线位置，记录其中较大者
			外露长度	10，−5	用尺量

续表

项次	检查项目			允许偏差（mm）	检验方法
11	预埋部件	预埋线盒、电盒	在构件平面的水平方向中心线位置偏差	10	用尺量
			与构件表面混凝土高差	0，−5	用尺量
12	预留孔	中心线位置偏移		5	用尺量纵横两个方向的中心线位置，记录其中较大者
		孔尺寸		±5	用尺量纵横两个方向尺寸，记录其较大者
13	预留洞	中心线位置偏移		5	用尺量纵横两个方向的中心线位置，记录其中较大者
		洞口尺寸，深度		±5	用尺量纵横两个方向尺寸，记录其中较大者
14	预留插筋	中心线位置偏移		3	两个方向的中心线位置，记录其中较大者
		外露长度		±5	用尺量
15	吊环	中心线位置偏移		10	两个方向的中心线位置，记录其中较大者
		与构件表面混凝土高差		0，−10	用尺量
16	钢筋保护层厚度偏差			5	尺量检查，观察
17	墙板内侧粗糙面偏差			2	透明多孔基准板辅助测深尺检测，粗糙面面积不小于墙板面积70%

注：L 为构件长度，单位为mm。

预制叠合梁构件和预制空腔柱构件外形尺寸允许偏差和检验方法　　表 5-4

<table>
<tr><th>序号</th><th colspan="3">检查项目</th><th>允许偏差
(mm)</th><th>检验方法</th></tr>
<tr><td rowspan="4">1</td><td rowspan="4">预制空腔柱构件</td><td colspan="2">截面边长(宽度和高度)</td><td>±3</td><td>尺量两端和中间三处的截面尺寸，取偏差绝对值较大者</td></tr>
<tr><td rowspan="2">柱长度</td><td>总长(纵筋)</td><td>1,−3</td><td>尺量纵筋长度三处，取偏差绝对值较大者</td></tr>
<tr><td>混凝土长度</td><td>±3</td><td>尺量混凝土长度三处，取偏差绝对值较大者</td></tr>
<tr><td colspan="2">外露钢筋端头不齐</td><td>1,−3</td><td>钢尺测量所有外露钢筋长度，取偏差绝对值较大者</td></tr>
<tr><td rowspan="5">2</td><td rowspan="5">预制叠合梁构件</td><td rowspan="3">梁水平长度</td><td><12m</td><td>±5</td><td rowspan="5">尺量各面，取偏差绝对值较大者</td></tr>
<tr><td>≥12m 且<18m</td><td>±10</td></tr>
<tr><td>>18m</td><td>±20</td></tr>
<tr><td colspan="2">梁截面宽度</td><td>±3</td></tr>
<tr><td colspan="2">梁截面高度</td><td>±5</td></tr>
<tr><td rowspan="2">3</td><td rowspan="2">表面平整</td><td colspan="2">梁内表面</td><td>5</td><td rowspan="2">2m 靠尺和金属塞尺测量</td></tr>
<tr><td colspan="2">预制空腔柱外表面</td><td>3</td></tr>
<tr><td>4</td><td colspan="3">对角线差</td><td>5</td><td>尺量两对角线差</td></tr>
<tr><td>5</td><td colspan="3">侧向弯曲</td><td>L/750 且≤10</td><td>拉线，钢尺量最大弯曲处</td></tr>
<tr><td>6</td><td colspan="3">翘曲</td><td>L/750</td><td>对角线用细线固定，尺量中心点高度差值</td></tr>
<tr><td rowspan="2">7</td><td rowspan="2">预留孔洞</td><td colspan="2">中心线位置偏移</td><td>5</td><td rowspan="2">尺量，取偏差绝对值较大者</td></tr>
<tr><td colspan="2">孔尺寸</td><td>±5</td></tr>
</table>

续表

序号	检查项目			允许偏差(mm)	检验方法
8	预埋螺栓等预埋件	预埋锚板中心位置		5	尺量，取偏差绝对值较大者
		预埋锚板与混凝土面平面高差		0，−5	
		预埋螺栓中心位置		2	
		预埋螺栓外露长度		±5	
		预埋套筒、螺母中心位置偏差		2	
		预埋套筒、螺母与混凝土面平面高差		0，−5	
9	纵向钢筋	预制空腔柱	每根插筋的中心距	$\pm d/2$	钢尺测量每根插筋的中心距，取较大者
			外露长度	0，−3	钢尺测量每根钢筋的外露长度，取较大者
10	键槽	中心线位置偏移		5	尺量，取偏差绝对值较大者
		长度、宽度、深度		±5	

注：L 为构件长度，单位为mm。

6）装饰构件的装饰外观尺寸偏差和检验方法应符合设计要求；当设计无具体要求时，应符合如表5-5所示的规定。

装饰构件外观尺寸允许偏差及检验方法　　表5-5

项次	装饰种类	检查项目	允许偏差(mm)	检验方法
1	通用	表面平整度	2	2m靠尺或塞尺检查
2	面砖、石材	阳角方正	2	用阴阳角检测尺检查
3		上口平直	2	拉线，用钢尺检查
4		接缝平直	3	用钢尺或塞尺检测
5		接缝深度	±5	用钢尺或塞尺检测
6		接缝宽度	±2	用钢尺检查

检查数量：按照进场检验批，每 100 件为一批，不足 100 件也作为一个检验批，同一规格（品种）的构件每次抽检数量不应少于该规格（品种）数量的 10%且不少于 5 件。

5.4.2　预制构件安装与连接

预制构件安装与连接是将预制构件按照设计图纸要求，通过节点之间的可靠连接，并与现场后浇混凝土形成整体混凝土结构的过程，预制构件安装的质量对整体结构的安全和质量起着至关重要的作用，因此，应对装配整体式 SPCS 结构施工作业过程实施全面和有效的管理与控制，为保证工程质量，其质量验收内容如下。

1. 主控项目

（1）预制构件临时固定措施应符合设计、专项施工方案要求及现行国家、行业、地方有关标准的规定。

检查数量：全数检查。

检验方法：观察检查，检查施工方案、施工记录或设计文件。

（2）钢筋采用机械连接、焊接连接时，其接头质量应分别符合现行行业标准《钢筋机械连接技术规程》JGJ 107、《钢筋焊接及验收规程》JGJ 18 的有关规定。

检查数量：应分别符合现行行业标准《钢筋机械连接技术规程》JGJ 107、《钢筋焊接及验收规程》JGJ 18 的有关规定。

检验方法：检查质量证明文件、施工记录及平行加工试件的强度检验报告。

（3）叠合结构竖向连接钢筋和水平连接钢筋的安装位置、规格、数量、间距和锚固长度应符合设计要求。

检查数量：全数检查。

检验方法：观察、尺量。

SPCS 体系采用钢筋间接搭接连接方式，应对竖向连接钢筋和水平连接钢筋的安装质量进行重点检查。

（4）装配式结构分项工程的外观质量不应有严重缺陷，且不得有影响结构性能和使用功能的尺寸偏差。

检查数量：全数检查。

检验方法：观察、量测；检查处理记录。

2. 一般项目

（1）装配式结构施工后，其外观质量不应有一般缺陷。

检查数量：全数检查

检验方法：观察，检查处理记录。

（2）叠合结构分项工程的施工尺寸偏差及检验方法应符合设计要求；当设计无要求时，应符合如表5-6所示的规定。

检查数量：按楼层、结构缝或施工段划分检验批。

1）对梁、柱，应抽查构件数量的10%，且不少于3件；

2）对墙和板，应按有代表性的自然间抽查10%，且不少3间；

3）对大空间结构，墙可按相邻轴线间高度5m左右划分检查面，板可按纵、横轴线划分检查面，抽查10%，且均不少于3面。

预制构件安装尺寸允许偏差及检验方法 **表5-6**

项目			允许偏差（mm）	检验方法
构件中心线对轴线位置	竖向构件（柱、墙、桁架）		8	经纬仪、尺量
	水平构件（梁、板）		5	
构件标高	梁、柱、墙、板底面或顶面		±5	水准仪或拉线、尺量
构件垂直度	柱、墙	<5m	5	经纬仪、吊线、尺量
		≥5m且<10m	10	
		≥10m	20	
构件倾斜度	梁、桁架		5	经纬仪、吊线、尺量
相邻构件平整度	板端面		5	2m靠尺和塞尺量测
	梁、板底面	抹灰	5	
		不抹灰	3	
	柱墙侧面	外露	5	
		不外露	8	
相邻构件阴阳角			4	用直角检测尺检查
构件搁置长度	梁、板		±10	尺量
支座、支垫中心位置	板、梁、柱、墙、桁架		10	尺量
墙板接缝	宽度		±5	尺量
	中心线位置		±5	尺量

（3）叠合结构建筑的饰面外观质量应符合设计要求，并应符合现行国家标准《建筑装饰装修工程质量验收规范》GB 50210 的有关规定。

检查数量：全数检查。

检验方法：观察、对比量测。

5.4.3 后浇混凝土

1. 主控项目

后浇混凝土的强度检验，应以在浇筑地点制备并与结构实体同条件养护的试件强度为依据。

检查数量：按批检验。

检查方法：混凝土强度检验用同条件养护试件的留置、养护和强度代表值应按现行国家标准《混凝土结构工程施工质量验收规范》GB 50204 附录 C 的规定进行。

2. 一般项目

（1）混凝土浇筑完毕后应及时进行养护，养护时间以及养护方法应符合施工方案要求。

检查数量：全数检查。

检验方法：观察，检查混凝土养护记录。

（2）预制叠合墙空腔内现浇混凝土质量应符合规范要求。

检测数量和检测时间：首层装配式混凝土结构，不应少于预制叠合剪力墙构件总数的 20%，且不应少于 2 个；其他层不应少于剪力墙构件总数的 10%，且不应少于 1 个；

混凝土浇筑完毕后 14d 或同条件试块混凝土强度达到设计强度 100%后，进行后浇混凝土密实度检测。

检测方法：现浇结合面的质量可采用观察法或超声法检测。

1）观察法

宜采用观察预制墙板间现浇段混凝土外观质量的方法，或采用预留观察孔检测法，也可以采用微孔窥测法、钻芯法进行检测。

① 预留观察孔检测法

检测方法：预制墙在生产过程中在距墙体顶部、底部 500mm 及墙中部位各预留一个边长为 D 的方形观察孔（D 的长度宜为 100～200mm）。混凝土浇筑前按要求封闭好模板，浇筑完成后通过检查观察孔处预制墙与后浇混凝土结合面的施工质量判定现浇结合面的质量。如结合面紧密贴合或仅有微量收缩冷缝（缝宽小于 1mm）则判定该处结合面质量合格。3个观察孔共12处结合面可供检查，如有9处结合面质量良好则判定现浇结合面质量合格。

② 微孔窥测法

检测方法：利用专业工具钻微孔后利用工业用内窥镜检测。测点按墙体面积均匀布置，横向间距均不大于600mm，纵向间距不大于1000mm。孔径不大于20mm，注意避开钢筋位置。

微孔内窥检验孔内是否有裂缝，当缝宽大于1mm时判定该孔为不合格孔。总体符合性验证参照《混凝土结构现场检测技术标准》GB/T 50784—2013第3.4.5条主控项目符合性判定标准进行判定，见表5-7。

主控项目的判定　　表5-7

样本容量	合格判定数	不合格判定数	样本容量	合格判定数	不合格判定数
2～5	0	1	50	5	6
8～13	1	2	80	7	8
20	2	3	125	10	11
32	3	4	—	—	—

当被检测墙体被判定为不合格时，应加倍抽检。仍有不合格则该层墙体全部检测。

③ 钻芯法

后浇混凝土浇筑完成14d以后，随机抽取墙体做检测；

检测数量：装配式混凝土结构层，每层不应少于1个；

检测方法：在距墙体顶部、底部500mm及墙中部位各钻芯一个（直径宜为100～150mm）。通过观测芯样和芯孔内混凝土的密实度判定现浇结合面的质量。若三个芯样有一个剥离且芯孔内有明显冷缝（缝宽大于1mm）则该墙体加倍取芯，仍有此情况则判定该墙体不合格，该层墙体则加倍检测，仍有不合格时该层墙体全部检测。

2）超声波检测法

宜采用相控阵超声成像法检测，也可采用对测法和斜测法。

① 相控阵超声成像法检测。检测方法可参照上海市地方标准《相控阵超声成像法检测混凝土缺陷技术规程》DB31/T 1200。

② 对测法和斜测法检测。按照《超声法检测混凝土缺陷技术规程》CECS 21第7章混凝土结合面质量检测之规定。

采用超声波检测法时，当被检测墙体确定声学参数异常点大于30%，且任一异常点处经微孔内窥验证缝宽大于1mm时，判定该面墙后浇混凝土质量不合格。

不合格的墙体可用高压注水泥浆或环氧树脂进行补强。通过微孔内窥镜检验，当孔内缝隙超过2mm（含）时，宜采用高压灌注素水泥浆方式进行修补；当缝宽不足

2mm 时，宜采用高压注射环氧树脂进行补强。

5.4.4 密封与防水

1. 主控项目

（1）预制构件拼缝处防水密封胶材料应符合设计要求，材料进场时应对材料的标识、包装、规格、产品合格证和质量检验报告等厂家提供的技术资料等进行进场检验。

检查数量：以同一品种、同一类型、同一级别的产品每 2.5t 为一批进行检验，不足 2.5t 也作为一批。

检验方法：型式检验报告和抽样复检报告。

（2）密封胶进场复检项目应满足设计及相关规范要求，通常包括外观、流动性、表干时间、挤出性、适用期、弹性恢复率、拉伸模量、定伸粘结性、浸水后定伸粘结性。

检查数量：全数检查。

检验方法：检查试验报告。

（3）密封胶应打注饱满、密实、连续、均匀、无气泡。

检查数量：全数检查。

检验方法：观察检查、尺量。

2. 一般项目

（1）预制构件拼缝防水节点基层应符合设计要求。

检查数量：全数检查。

检验方法：观察检查。

（2）防水胶带粘贴面积、搭接长度、节点构造应符合设计要求。

检查数量：全数检查。

检验方法：观察检查。

（3）预制构件拼缝防水节点空腔排水构造应符合设计要求。

检查数量：全数检查。

检验方法：观察检查。

（4）密封胶缝应横平竖直、深浅一致、宽窄均匀、光滑顺直。密封胶缝允许偏差应符合表 5-8 的规定。

检查数量：全数检查。

检验方法：观察检查。

密封胶缝允许偏差 表 5-8

指标	允许偏差(mm)	指标	允许偏差(mm)
宽度	±5	外观	无明显气泡和肉眼可见裂缝
深度	±3		

(5) 外墙板接缝的防水性能应符合设计要求。

检验数量：按批检验。每 1000m² 外墙（含窗）面积应划分为一个检验批，不足 1000m² 时也应划分为一个检验批；每个检验批应至少抽查一处，抽查部位应为相邻两层 4 块墙板形成的水平和竖向十字接缝区域，面积不得少于 10m²。

检验方法：观察、检查现场淋水试验报告。

5.4.5 结构实体检验

(1) 装配整体式 SPCS 结构子分部工程验收前，对预制构件和现浇混凝土构件涉及混凝土结构安全的有代表性的部位应分别进行结构实体检验。结构实体检验应包括混凝土强度、钢筋保护层厚度、结构位置与尺寸偏差、预制剪力墙底部接缝混凝土饱满度、双面叠合剪力墙空腔内后浇混凝土的质量以及合同约定的项目；必要时可检验其他项目。

(2) 当无施工单位或监理单位代表驻构件厂监督生产过程时，预制构件进场时应对预制构件主要受力钢筋数量、规格、间距及混凝土强度、混凝土保护层厚度等进行实体检验。

(3) 结构实体检验应由监理单位组织施工单位实施，并见证实施过程。施工单位应制定结构实体检验专项方案，并经监理单位审核批准后实施。除结构位置与尺寸偏差外的结构实体检验项目，应由具有相应资质的检测机构完成。

(4) 钢筋保护层厚度、结构位置与尺寸偏差检验应按现行国家标准《混凝土结构工程施工质量验收规范》GB 50204—2015 的有关规定执行。

(5) 后浇混凝土的强度检验，应以在浇筑地点制备并与结构实体同条件养护的试件强度为依据。混凝土强度检验用同条件养护试件的留置、养护和强度代表值应按《混凝土结构工程施工质量验收规范》GB 50204—2015 附录 C 的规定进行，也可按国家现行标准规定采用非破损或局部破损的检测方法检测。

(6) 当未能取得同条件养护试件或强度被判为不合格时，应委托具有相应资质等级的检测机构按国家有关标准的规定进行检测。

5.4.6 装配整体式 SPCS 结构子分部工程质量验收

(1) 装配整体式 SPCS 结构建筑的混凝土结构子分部工程施工质量验收合格，应符合下列规定：

1）所含分项工程验收质量应合格；

2）有完整的全过程质量控制资料；

3）有关安全、节能、环境保护和主要使用功能的抽样检验结果应符合相应规定；

4）结构观感质量验收应合格；

5）结构实体检验应符合现行国家标准《混凝土结构工程施工质量验收规范》GB 50204要求。

（2）当装配整体式SPCS结构工程的混凝土结构施工质量不符合要求时，应按下列规定进行处理：

1）经返工、返修或更换构件的检验批，应重新进行检验；

2）经有资质的检测单位检测鉴定达到设计要求的检验批，应予以验收；

3）经有资质的检测单位检测鉴定达不到设计要求，但经原设计单位核算并确认仍可满足结构安全和使用功能的检验批，可予以验收；

4）经返修或加固处理能够满足结构安全使用要求的分项工程，可根据技术处理方案和协商文件进行验收。

（3）装配整体式SPCS结构子分部工程验收时，除应符合现行国家标准《混凝土结构工程施工质量验收规范》GB 50204的有关规定提供文件和记录外，尚应提供下列文件和记录：

1）工程设计文件、预制构件安装施工图和加工制作详图；

2）预制构件主要材料及配件的质量证明文件、进场验收记录、抽样复验报告；

3）预制构件安装施工记录；

4）钢筋机械连接套筒型式检验报告、工艺检验报告、施工检验记录及相关材料、构配件的质量合格证明文件；

5）后浇混凝土部位的隐蔽工程检查验收文件；

6）后浇混凝土强度检测报告及混凝土强度统计表、评定表；

7）外墙防水施工质量检验记录；

8）装配式结构分项工程质量验收文件；

9）装配整体式SPCS结构工程的重大质量问题的处理方案和验收记录；

10）装配整体式SPCS结构工程的其他文件和记录。

（4）装配整体式SPCS结构建筑的混凝土结构子分部工程施工质量验收的内容、程序、组织、记录，应符合现行国家标准《建筑工程施工质量验收统一标准》GB 50300、《混凝土结构工程施工质量验收规范》GB 50204和有关行业、地方标准的有关规定。

第6章 装配整体式SPCS结构成本优势分析

装配式建筑已经成为我国建筑业发展的主要方向，受到国家及各级政府的鼓励和支持。SPCS结构体系作为一种全新的装配式结构体系，它将叠合柱、叠合墙、叠合梁、叠合楼板融合到一起，兼具传统现浇结构体系及传统装配式结构体系的优点。

目前国内装配式建筑的发展主要依靠自上而下的政策驱动，主要原因是装配式结构工程成本较现浇结构工程成本略高，这在一定程度上阻碍了装配式建筑的市场推广。大多建设单位对于工程成本的理解着重于工程实体的显性成本，这割裂了项目作为有机体的完整性。为使得项目整体效益最大化，需进一步拓宽成本的广度。成本的范围不仅包括工程显性成本，还应包括工期成本、环境成本等隐性成本或隐性效益。因此，本章将项目成本广义化，在考虑项目工程成本的同时还考虑项目的隐性成本或效益，通过对SPCS结构与现浇结构、传统装配式结构（灌浆套筒结构）的成本对比，揭示三种体系的成本差异。

6.1 SPCS结构体系与现浇结构成本对比

6.1.1 设计成本

同现浇结构设计流程相比，SPCS结构在设计过程中增加了构件拆分和深化设计的环节，增加了相应成本。以禹城2号楼为例，2号楼（SPCS结构体系）设计费用为30元/m^2，2号楼（现浇结构）设计费用为22元/m^2。

SPCS结构体系较现浇结构在设计阶段的经济效益为：$F_1=22-30=-8$ 元/m^2

6.1.2 施工阶段成本

施工阶段的单方成本，2号楼（SPCS结构体系）为1004.93元/m^2，2号楼（现浇结构）为897.91元/m^2，详细测算数据见《SPCS成本基本模型、案例造价分析及专家评审意见》一书。

SPCS结构体系较现浇结构在施工阶段的经济效益为：$F_2=897.91-1004.93=-107.02$ 元/m^2

6.1.3 工期经济效益

装配式建筑将部分构件在构件厂进行预制，将现场湿作业转移到工厂进行，并通过智能制造提高工作效率，同时根据施工进度提前将所需的构件制作完成，节省工期。以预制率为 35%左右的 30 层装配式混凝土住宅项目和同等规模的传统现浇建筑项目相比，装配式建筑能将工期缩短 30%左右。工期节约引起的包括融资成本节约、提前销售带来的资金回笼、房屋出租的资金收益及工程实体直接费用的节约等。

以禹城某项目 2 号楼为例，2 号楼（SPCS）和 2 号楼（现浇）的预售收款比例均取 30%，销售价格取 0.72 万元/m^2。不考虑装饰配件等费用，2 号楼（SPCS）建造成本取 1004.93 元/m^2，2 号楼（现浇）取 897.91 元/m^2。施工过程中，2 号楼（SPCS）结构部分比 2 号楼（现浇）工期缩短 27.5 天。2 号楼（SPCS）和 2 号楼（现浇）主体结构工期分别为 49.5 天和 77 天。进行工期效益计算时参数假定：贷款利息 10%，资金的机会成本为 10%。通过计算得出 SPCS 结构体系提前收款带来的资金效益为：$R=7200\times30\%\times10\%/365\times27.5=16.27$ 元/m^2；节约贷款利息：$C=7200\times10\%/12\times27.5/30=55$ 元/m^2；节约塔式起重机、脚手架租赁费及管理人员费用合计约 24 元/m^2。

SPCS 结构体系较现浇结构在工期方面的经济效益为：$F_3=16.27+55+24=95.27$ 元/m^2。

6.1.4　政策经济效益

国务院、住房城乡建设部陆续出台《建筑产业现代化发展纲要》《关于大力发展装配式建筑的指导意见》《“十三五”装配式建筑行动方案》等一系列重要文件。全国各地省市陆续出台百余项装配式建筑专门指导意见和相关配套措施，通过优先安排用地、信贷扶持、提前预售、优先评优、税收优惠、容积率奖励等优惠政策切实推动装配式建筑发展。依据山东省装配式政策：外墙预制部分的建筑面积（不超过规划总建筑面积 3%）可不计入成交地块的容积率核算，禹城 2 号楼外墙预制建筑面积约 191m^2，地价为 2000 元/m^2，开发成本为 2600 元/m^2。

SPCS 结构体系较现浇结构在政策方面的经济效益为：$F_4=191\times(7200-2600-2000)/3823=130$ 元/m^2。

6.1.5　环境效益

相比较于传统的现浇模式，装配式建筑采用工厂化生产的方式，让生产过程变得更加可控，能够减少不必要的能源材料损耗及建筑垃圾的产生。装配式结构能够节约资源和能源消耗，有效降低粉尘、噪声与建筑废物等环境污染。具体数据如表 6-1 所示。

PC 装配式建筑与现浇结构建筑对比　　表 6-1

分类	PC 装配式建筑	现浇结构建筑	节约和改善
水资源消耗	0.051～0.067m^3/m^2	0.085～0.09m^3/m^2	35%～40%
能源消耗	7.0～7.1kWh/m^2	8.9～9.0kWh/m^2	20%～25%
建筑废物处置量	7.34～7.35kg/m^2	23.75～23.8kg/m^2	65%～70%
粉尘水平(PM10)	60～75μg/m^3	85～100μg/m^3	20%～30%

数据来源：远大住工 IPO 报告，兴业证券经济与金融研究院整理。

如表 6-1 所示，装配式建筑在节能环保方面占据先天优势，符合国家可持续发展的战略，其所带来的效益也无法估量，在本小节中暂不考虑装配式建筑较现浇结构在环境效益方面的节约。

综上：SPCS 结构体系较现浇结构的经济效益为：$F=-8-107.02+95.27+130=110.25$ 元/m^2。

同时，随着人口红利的消退，“用工荒”的现象将会越来越明显，届时劳动用工成本将会大幅增加，传统现浇结构建造成本上升，呈现不可逆趋势，而装配式建筑因少用人工（具体见表 6-2），则具有更强的经济适用性，成为市场化的选择。

建筑面积约 2 万 m^2 的住宅项目采用保温装饰一体化技术人数对比　　表 6-2

工种	现浇结构(人)	装配式结构(人)	对比(装配式—现浇)
管理人员	15	15	0
木工	34	16	−6
吊装		12	
水电工	20	16	−4
钢筋工	12	8	−4
注浆工	10	8	+2
瓦工		4	
架工	12	0	−12
砌筑	20	0	−20
抹灰	30	0	−30
合计	153	79	−74

资料来源：张建国《预制混凝土外墙结构、保温、装饰一体化关键技术》。

6.2　SPCS 结构体系与传统装配式结构成本对比

两种体系同为装配式建筑体系，可视为两者的隐性成本或效益相同，此处可仅对比两者的工程实体成本。SPCS 结构体系与传统装配式结构体系的最大不同点在于竖向构件的不同，可进一步缩小对比范围，通过对 SPCS 墙与传统装配式结构预制墙（主要为灌浆套筒墙）成本的对比，揭示 SPCS 结构体系与传统装配式体系成本差异。

6.2.1 测算明细

以北京地区预制内墙为例，对单立方灌浆套筒内墙及 SPCS 内墙进行测算，测算明细如表 6-3 所示。

灌浆套筒墙与 SPCS 墙成本对比表 **表 6-3**

序号	名称	单位	PC 灌浆套筒体系(A)			SPCS 体系(B)			单方差额(B—A)(元/m³)
			单价(元/m³、个)	含量(m³、个)	单方成本(元/m³)	单价(元/m³、个)	含量(m³、个)	单方成本(元/m³)	
1	构件出厂价(除税)	m³	2929.35	1.00	2929.35	2038.18	1.00	2038.18	−891.17
1.1	构件主材	m³	2929.35	1.00	2929.35	2038.18	1.00	2038.18	
2	构件安装	m³	450.00	1.00	450.00	400.00	1.00	400.00	−50.00
2.1	构件安装	m³	450.00	1.00	450.00	400.00	1.00	400.00	
3	预制构件连接	m³			122.08			180.94	58.86
3.1	连接钢筋制安	kg				6.03	30.00	180.94	
3.2	套筒注浆(灌浆料)	个	15.26	8.00	122.08				
4	空腔混凝土浇筑	m³						313.06	313.06
4.1	空腔混凝土浇筑	m³				626.13	0.50	313.06	
5	税前合计	m³			3501.43			2932.18	−569.25
6	税金	m³	9%		315.13	9%		263.90	−51.23
7	合计	m³		1.00	3816.56		1.00	3196.08	−620.48

注：1. PC 构件价格按信息价下浮 20%考虑，SPCS 构件价格按照 15%利润率记取，构件出厂价按外围尺寸体积记取；
2. 现浇混凝土、钢筋参考北京市 2021 年 2 月信息价；
3. 预制构件连接方式：灌浆套筒为灌浆料；SPCS 为环形连接钢筋施工。

6.2.2 测算结论及分析

由表 6-3 可知：SPCS 体系墙比灌浆套筒墙便宜 620.48 元/m³。SPCS 体系成本优势分析如下：

（1）SPCS 体系采用等同现浇结构的钢筋搭接方式，构件不出筋，钢筋含量较灌浆套筒构件低；

（2）SPCS 体系无需套筒，构件费用中无套筒费用；

（3）同等体积构件混凝土预制量少；

（4）安装时不需要灌浆，节约灌浆料及相应人工费；

（5）100厚空腔安装容错率高，安装高效快捷，安装人工费低，可节省施工工期，由此可带来材料租赁费用及管理人员费用的节约。

6.3 SPCS结构体系成本展望

作为先进的装配式建筑结构技术，SPCS叠合剪力墙结构在成本上要优于传统灌浆套筒体系及双皮墙体系；但定位于“改变行业的建筑结构技术”，我们的目标始终紧紧锁定传统现浇剪力墙结构。我们有充分的信心，随着建筑工业化水平的不断提高，国家和各级地方政府不断加大装配式建筑的政策支持力度，SPCS结构体系研发的不断迭代升级，SPCS工厂布局及产能的不断壮大，体系参与者的不断增加，卖方市场逐步向买方市场的转变，SPCS体系的工程成本会进一步降低，并最终实现低于现浇结构的目标。

第 7 章　BIM 在装配整体式 SPCS 结构中的应用

7.1　概述

BIM 的英文全称是 Building Information Modeling，即建筑信息化模型。一个完备的信息模型，能够将工程项目在全生命周期中各个不同阶段的工程信息、过程和资源集成在一个模型中，方便被工程各参与方使用。通过三维数字技术模拟建筑物所具有的真实信息，为工程设计和施工提供相互协调、内部一致的信息模型，使该模型达到设计施工一体化，各专业协同工作，从而降低工程生产成本，保障工程按时按质完成。

BIM 技术对工程项目过程实行信息模型化处理，具有生命周期化、三维可视化、统一协同化、模拟信息化、出图便捷化等优势。而装配式建筑将建筑工业化，将工地变为一个大型装配工厂，两者结合能提高装配式建筑的建造效率，有效提高装配式建筑的地位，进一步实现建筑工业化。

BIM 技术引入装配式建筑项目中，对提高设计生产效率、减少设计返工、减少工厂生产错误、保持施工与设计意图一致性乃至提高装配式建筑建设的整体水平具有积极的意义。

7.2　BIM 技术在装配式建筑设计阶段的应用

1. 建模与图纸绘制

BIM 技术建模是在 3D 的基础上，将各构件参数录入信息库中。所以，BIM 每一个图形单元都具有构件的类型、材质、尺寸等参数。所有构件都是由参数控制，因此消灭了图纸之间信息的不对称、不匹配的可能。BIM 模型建立后，可导出 CAD 图纸，由于采用 3D 建模，模型具有可视化的特点，项目的各参与方皆能有效交流沟通、及时修订、相互配合，使工程项目建设更加合理化。运用设计可视化，可以直观设计环境，进行复杂区域出图，图纸可以从模型中得到，减少“错漏碰缺”。

将设计完成的 BIM 模型上传到 BIM 平台上，通过 BIM 平台不仅能看到三维模型，进行可视化，更重要的是能够提取模型信息，利用这些信息指导后续设计、制造、施工、运营等过程。

2. 协同工作

BIM最大的优势之一就是统一协同性，BIM为工程的各参与方搭建了一个可交互的平台，能够使各专业、各参与方协同工作。解决了常常因为信息不一致导致的问题，减少了大部分的返工及其设计变更。

3. SPCS＋PKPM智能设计软件应用

预制构件的深化设计与传统施工图设计存在较大差异，其设计图纸数量大，制图精度高，采用二维设计很难做到快速、高质量出图。因此，为解决这一痛点，三一筑工研发了SPCS＋PKPM智能深化设计软件。本软件最大的特点：首先是智能化程度高，构件设计、构件配筋、构件出图均可自动化完成；其次，BIM数据设计、生产全流程打通，设计软件可导出直接对接三一筑工智能化PC生产设备的加工数据，实现设计数据驱动工厂生产。国产设计软件对接国产生产加工装配，实现基于SPCS构件的自动化生产，这项技术在国内属于首创。

本软件主要功能包括预制构件模型的创建、拆分方案设计、整体计算分析、构件配筋、预留预埋布置、钢筋碰撞检查、装配式指标统计、图纸绘制、加工数据导出等。

方案设计阶段，软件可导入结构计算模型，以此为基础进行装配式建筑深化设计，省去重复翻模过程，大大缩短设计周期。通过内置的SPCS结构技术设计规则，快速制定拆分方案，自动完成构件拆分，通过内置的SATWE计算模块，验证拆分方案的合规性，并可一键统计各项装配式指标，确保方案符合当地装配式设计要求。

深化设计阶段，可快速根据计算结果，完成预制构件配筋，并可进行短暂工况验算、构件编号，深化调整、预留预埋交互布置、钢筋碰撞检查等操作。此阶段完全由参数化设计，运用BIM技术三维设计的优势进行构件设计，确保构件内部和构件之间无碰撞，有效提高设计精度和图纸质量。

成果输出阶段，软件可导出预制构件详图、BOM清单，加工数据U文件和JSON数据，为构件加工生产提供数据。不同于传统二维设计，三维设计“所见即所得”确保了图纸与模型、数据的一致性。

数据应用阶段，模型数据对接三一生产和施工软件，进行可视化在线跟踪管理。生产加工数据和图纸传递给生产解析软件，将数据转化为装备可读数据，实现自动化生产。

7.3 BIM技术在SPCS结构构件生产的应用

1. 构件模具生产制作

预制构件的模具生产企业或部门可以从BIM信息平台调取预制构件的尺寸、构造等，生产企业或部门根据信息制造模具。

通过 BIM 技术，预制构件生产商可以根据日生产计划中的构件清单计算出模具需求清单。通过预制构件生产商当前工厂自有模具库，遴选出适合生产的模具。当自有模具库中无合适模具时，根据模具清单，由模具加工企业或部门生产加工，生产加工后在模具上贴放二维码并录入模具库，供构件生产使用。

2. 预制构件生产制作

预制构件生产商可根据 BIM 平台上的信息开展有计划的生产，并且将生产情况及时反馈到 BIM 信息平台，以便于施工方了解构件生产情况，为之后的施工做好准备及计划。

从 BIM 平台获取的 BIM 模型数据还包含了钢筋加工生产数据，生产数据导出后传递到中控系统，利用预制构件模型信息直接接力数控加工设备，自动化进行钢筋分类、钢筋机械加工、构件边模摆放、管线开洞信息等，从而实现无纸化施工。BIM 数据与自动化流水线进行无缝对接，实现工厂流水线的高效运转。

装配式建筑通过 RFID 技术（无线射频技术）或二维码技术实现预制构件的识别管理，将预制构件的编码信息及时采集传达回信息平台，通过 BIM 平台，可实现实时查看和构件追溯管理，预制构件生产商通过 BIM 平台可以查看预制构件的运输、进场、安装、验收等不同状态，施工企业可以通过 BIM 平台查看预制构件的生产情况，从而实现平台全角色的在线协同。

3. 构件运输管理

一般在预制构件的运输管理过程中，通过移动网络及 LBS 技术，实现对预制构件车辆信息的采集，进行实时跟踪，收集车辆的信息数据。

通过基于施工计划的 BIM4D 平台，可以根据预制构件的尺寸，选择与之相适应的运输车辆，依照施工顺序安排构件运输顺序，加快工程进度。在路线选择上寻找最短路径，降低运输费用。

7.4　BIM 技术在装配式建筑施工阶段的应用

1. 预制构件管理

装配式建筑大部分由预制构件拼装而成，构件种类繁杂、数量庞大，在施工过程中很容易出现漏用、错用、丢失等情况，通过 BIM 技术，能够实现系统性管理，保证快速、准确施工。

在设计、生产过程中，设计院、预制构件生产企业已经将预制构件的几何尺寸信息、非几何尺寸信息、构件附属信息等一系列信息以各种数据格式录入BIM平台，这些信息以结构化数据的形式进入数据库，可通过UID实时调取；非结构化的数据，通过图片、固定输出格式文档等方式，可通过接口实现预览和数据调用。这些数据都可以作为施工阶段预制构件管理的基础。

将施工计划与设计、生产过程中的BIM数据结合，形成基于施工计划的BIM4D模型，并设置进度预警标准。在实际施工过程中，施工企业通过人工输入、IOT设备等不同方式，将施工现场实际进度与BIM模型挂接，可以查看进度偏差，当进度偏差超过预警标准阈值时，系统自动报警。管理人员可通过三现设备了解现场情况，并及时介入或指导。

在施工阶段使用BIM技术对构件进行实时的追踪和控制。在构件制作和运输阶段，施工企业可以通过BIM平台实时查看构件生产状态和运输状态；在构件进场阶段，通过BIM平台，可以查看构件进场情况，结合二维码或RFID设备，检查实际进场构件是否与计划进场构件一致，如果遇到质量问题，通过BIM平台，及时提醒构件生产企业，并拍照记录；在构件安装阶段，通过BIM平台，指导安装过程并且实时更新，提供各种机械的使用及吊装线路的选择。整个施工过程，BIM技术会将构件管理情况收录至数据库，并用于信息共享交流，为工程施工提供数据支持。

2. 施工仿真模拟

施工阶段可利用BIM技术进行施工仿真模拟，实时优化施工方案及施工流程，确保构件位置准确，实现构件的高质量安装。通过BIM技术对施工现场场区模拟仿真，可以预先对施工现场进行规划，包括塔式起重机布置、构件堆场、汽车起重机临时架设场地等；对施工现场道路提前规划，包括车辆的进出场路线、临时停放区域等。施工前，利用BIM技术可以实现对现场管理人员、操作班组进行可视化的技术交底，使交底内容更加直观、形象；同时通过项目三维展示，保证各部门之间沟通更加直观、高效。

此外，通过BIM+XR（VR、AR、MR）等技术的综合应用，可以实现施工过程的模拟仿真，提前找到吊装不利位置，发现吊装困难点，并根据模拟仿真结果，提前规划构件的吊装顺序，保证施工有序进行。

3. 施工质量管理

在施工阶段，构件在进场、吊装、验收等各个状态下均需要质量管理，现场管理人员通过人工输入、IOT设备等不同方式将各状态的数据录入，管理人员可以通过BIM平台实时查看项目的质量状态，通过前期设定的质量预警标准，平台可以对接近预警线的质量状态进行提醒，提醒管理人员及时采取措施对施工质量进行控制。

4. **施工安全管理**

通过利用 BIM 技术对现场进行模拟仿真，可以提前发现施工现场的安全隐患，制定措施消除隐患；同时可以通过现场实际情况与模拟仿真进行对比，在防护措施不到位的位置提醒管理人员并完善。

利用 BIM＋VR 技术对施工现场进行模拟，在施工人员进入项目现场前，进行 VR 安全教育，如高空作业、大型构件的安装等，让施工人员提前感受可能遇到的危险，提高施工人员的安全意识。

7.5　BIM 技术在运营维护阶段的应用

互联网技术的发展，给 BIM 技术运用于装配式建筑运维阶段提供可靠基础。当火灾、地震等突发事件出现时，使用 BIM 信息模型界面，可自动触发警报装置提醒居民，并准确定位灾害的发生位置，可及时提供疏散人群和处理灾情的重要信息。在装配式建筑及设备后期维护方面，运维管理人员可直接通过 BIM 模型调取相关破损构件信息，直接了解并针对性地进行维修，减少运营成本。运维人员再利用提供的信息找到预制构件内部的 RFID 标签，获取保存其中的信息，包括生产、运输、安装及施工等人员的相关信息，责任归属明确，质量有保证。

7.6　BIM 技术在成本控制方面的应用

BIM 技术与装配式建筑的系统集成度高，并将质量精度高、管理前置性强、容错度低等特点进行了高度融合。应用 BIM 技术，可以实现装配式建筑项目管理的全过程协同、全寿命周期管理，从优化设计、精细化设计、精确制造、高效安装等方面降低装配式建筑的成本。

BIM 可结合大数据和云计算，根据装配式建筑的特点，建成不同的规划设计方案和装配式技术体系的模型，同时结合造价软件，能快速计算各方案的成本和收益，模拟各方案的建筑效果和工期，进行多维度的方案优选，为前期决策提供更迅速、更准确的技术分析结果。

BIM 技术能更快、更准确地统计装配式建筑的工程量，并通过成本数据库完成不同设计方案的成本预算，为装配式建筑进行不同设计方案的对比提供准确的量化分析结果，有利于设计方案优化，选择更优的功能分区、结构方案、适宜的装配率、预制构件类型等，最大限度地控制成本。

BIM 技术可以实现生产过程即时物料的统计，包括预制构件的数量、钢筋数量、混凝土数量、预埋件数量等，帮助其准确地估算和控制各个生产阶段的物料用量和成本。

BIM 大数据和云平台可以精准地确定运输需求，合理规划运输路线，监控运载量，保证满载率，制定运输方案，考虑限高等运输条件，提高运输效率，降低运输成本。

BIM 技术可以基于设计、生产阶段的 BIM 数据，在 BIM4D 的基础上增加成本维度，成为 BIM5D。在施工过程中，结合施工阶段人、材、机资源配置，施工企业通过人工输入、IOT 设备等不同方式，将施工现场各种资源的投入情况和实际成本与 BIM 5D 模型挂接，可以查看成本偏差，直观地了解进度计划、安排和分阶段资金。还可以在模拟的过程中发现原有施工规划中存在的问题并进行优化，避免由于考虑不周导致的施工成本增加和进度拖延。可供管理者及时了解现场情况，通过 BIM 平台，也可以及时提醒各管理者及时介入或指导。

借助 BIM 和 RFID 技术搭建的信息管理平台可以建立装配式预制构件及设备的运营维护系统，运维管理人员可以直接从 BIM 模型中调取预制构件、设备的型号、参数和生产厂家等信息，提高维修工作效率，节约维修成本。

第 8 章　装配整体式 SPCS 结构工程案例

三一筑工自主研发的装配整体式 SPCS 结构具有鲜明的技术特点、典型的装配式建筑特征和较强的市场竞争力。自 2018 年至今，装配整体式 SPCS 结构成套技术已在北京市、河北省、天津市、山东省、湖南省、上海市等多个项目中成功应用，充分凸显了其结构安全、外观质量好、防漏水、成本低于传统装配式方案、工期最短可实现三天一层等优势。通过大量的工程实践反馈来促进 SPCS 技术快速的改进和提升（表 8-1）。

装配整体式 SPCS 结构工程案例　　**表 8-1**

金地上海嘉定新城菊园社区	上海金地商置智能机器人产业基地项目 12-2 号楼

国家合成生物技术创新中心 D 区	三一北京制造中心食堂

续表

邯郸峰峰中学	禹城市站南路片区棚户区改造建设项目

娄底三一街区商住小区一期	临澧翡翠湾住宅一期

工程信息情况如表 8-2 所示。

装配整体式 SPCS 结构应用工程信息统计表 **表 8-2**

序号	工程名称	结构形式	建筑功能	所在地	地震烈度
1	金地上海嘉定新城菊园社区	SPCS 剪力墙结构	住宅	上海市嘉定区	7 度
2	上海金地商置智能机器人产业基地项目 12-2 号楼	SPCS 框架结构	厂房	上海市闵行区	7 度
3	国家合成生物技术创新中心 D 区	SPCS 剪力墙结构	公寓	天津市滨海新区	8 度
4	三一北京制造中心食堂项目	SPCS 框架结构	办公食堂	北京市昌平区	8 度

续表

序号	工程名称	结构形式	建筑功能	所在地	地震烈度
5	邯郸峰峰中学 1 号、2 号、6 号、7 号楼	SPCS 框架结构	教学楼 宿舍	河北省 邯郸市	8 度
6	禹城市站南路片区棚户区改造建设项目	SPCS 剪力墙结构	住宅	山东省 德州市	7 度
7	禹城市站南路片区棚户区改造建设项目	SPCS 框架结构	幼儿园	山东省 德州市	7 度
8	娄底三一街区 商住小区一期	SPCS 剪力墙结构	住宅	湖南省 娄底市	6 度
9	临澧翡翠湾 住宅一期	SPCS 剪力墙结构	住宅	湖南省 常德市	7 度

下面以两个典型工程案例分别介绍 SPCS 剪力墙结构体系和 SPCS 框架结构体系在实际工程中的应用情况。

8.1 【典型工程案例 1】三一街区商住小区一期

8.1.1 工程简介

1. 基本信息

（1）项目名称：三一街区商住小区一期；

（2）项目地点：湖南省娄底市经开区娄涟公路与太和路交汇处东南角；

（3）建设单位：娄底竹胜园房地产开发有限公司；

（4）设计单位：湖南诚士建筑规划设计有限公司；

（5）深化设计单位：湖南省建筑设计院有限公司；

（6）施工单位：中国二冶集团有限公司；

（7）预制构件生产单位：湖南三一筑工有限公司；

（8）工期情况：2019 年 12 月 15 日～2023 年 03 月 01 日。

2. 项目概况

三一街区商住小区一期是住宅项目，8 号、9 号楼应用了装配整体式 SPCS 剪力墙结构体系。8 号楼地下 1 层，地上 32 层，建筑高度 98.8m；9 号楼地下 1 层，地上 32 层，建筑高度 98.8m。项目采用工业化方法制造和建造，保障了安全和现场文明施工。

墙、梁、楼板和楼梯等采用预制混凝土构件，装配率61%，为A级装配率建筑(图8-1、图8-2)。

图8-1　三一街区商住小区项目鸟瞰图

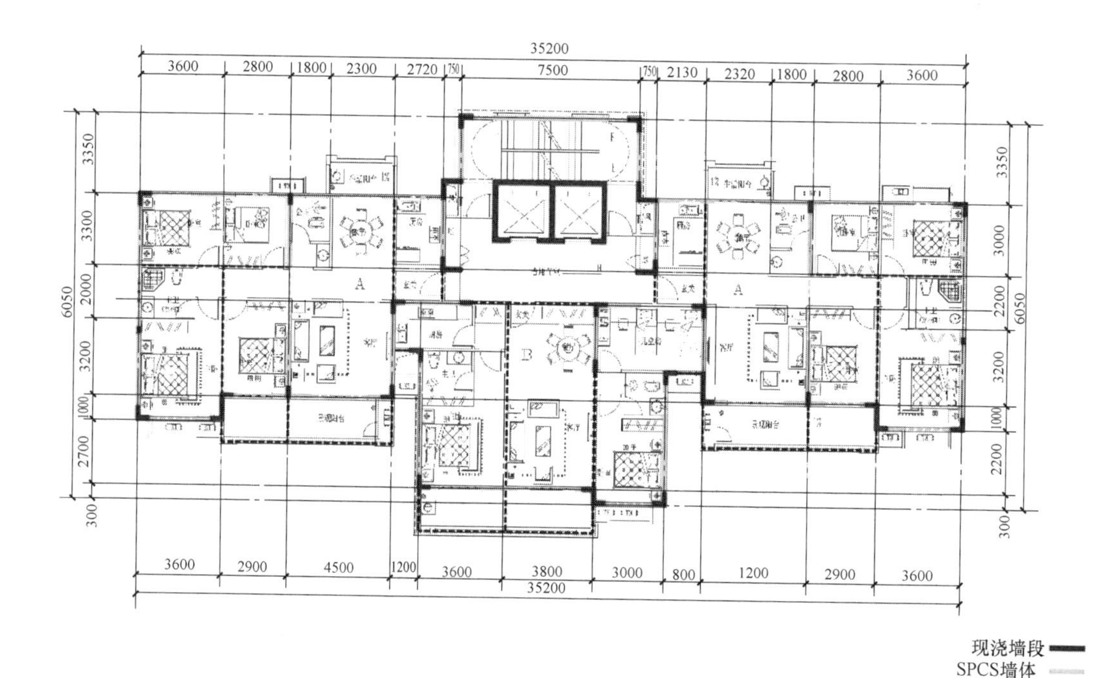

图8-2　标准层平面图（mm）

8.1.2 装配整体式 SPCS 体系成套技术应用情况

1. 设计

（1）抗震设防

抗震设防烈度：6 度（0.05*g*），设计地震分组为第一组，场地类别Ⅱ类。

（2）SPCS 应用范围如表 8-3 所示。

SPCS 结构应用情况表 **表 8-3**

部位	部品部件	应用范围
主体结构	柱、支撑、承重墙、延性墙板	SPCS 预制空腔墙
	梁	预制叠合梁
	板	预制叠合板
	楼梯	预制楼梯
	阳台	预制阳台板
	空调板	预制空调板
围护墙和内隔墙	非承重围护墙非砌筑	满足要求
	围护墙与保温、隔热、装饰一体化	—
	内隔墙非砌筑	ALC 轻质隔墙
	内隔墙与管线、装修一体化	—
装修和设备管线	全装修	全装修
	干式工法楼面、地面	—
	集成厨房	—
	集成卫生间	—
	管线分离	—
装配率		61%，A 级

（3）关键节点

本工程预制空腔墙竖向连接节点布置环状连接钢筋，如图 8-3、图 8-4 所示。

预制空腔墙与现浇主体之间水平连接节点采用连接可靠、构造简单、施工便捷、防水性优异的标准化节点，如 L 形、T 形和一字形节点，如图 8-5～图 8-7 所示。

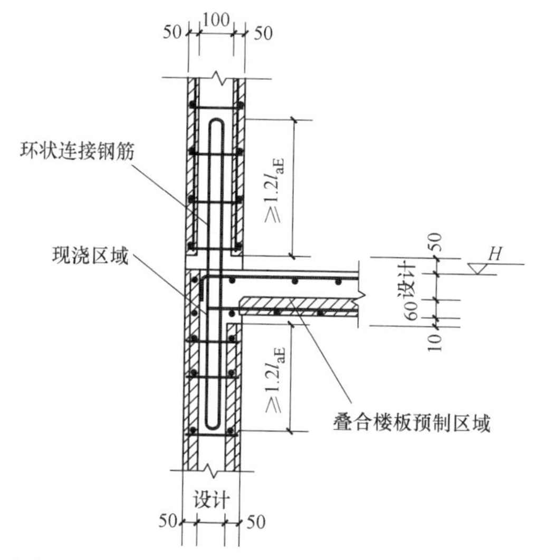

图 8-3　预制空腔墙竖向连接节点一（mm）

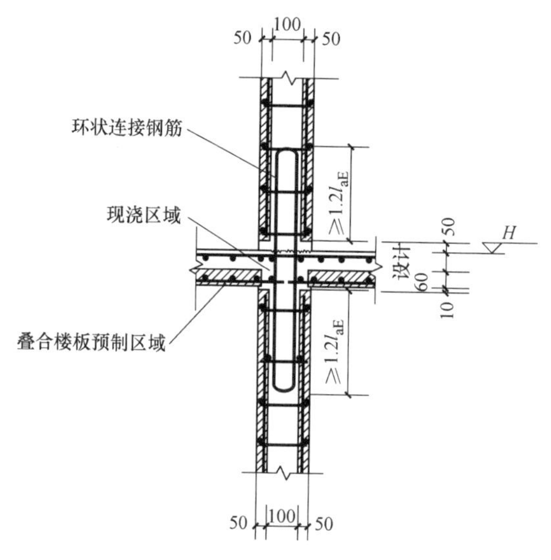

图 8-4　预制空腔墙竖向连接节点二（mm）

（4）软件应用

运用SPCS+PKPM/REVIT装配式建筑设计BIM系统，实现权威结构计算、智能深化设计、构件自动拆分、快速机电预埋、生成现浇节点以及导出生产数据等功能，让装配式建筑设计更便捷、高效（图8-8）。

2. 制造

（1）供货厂家确定

本项目含2栋装配式混凝土建筑单体，PC构件有预制空腔墙、叠合楼板、空调板、楼梯，构件详情和具体需求如表8-4所示。

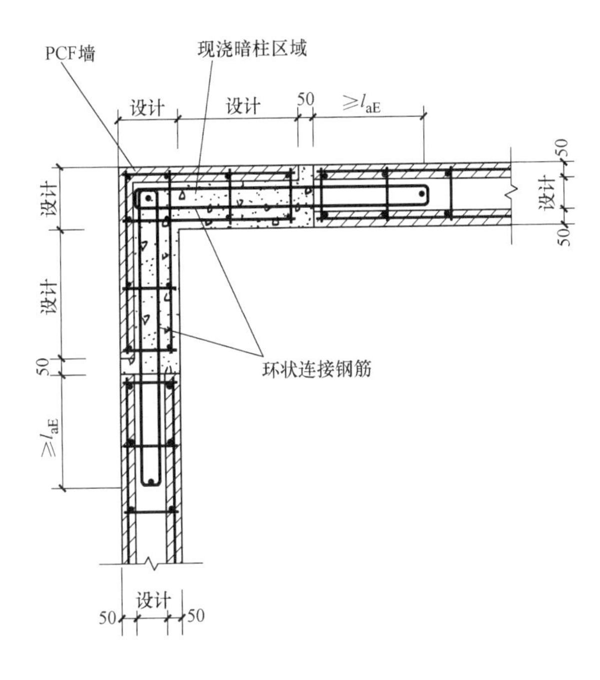

图 8-5　预制空腔墙 L 形连接节点（mm）

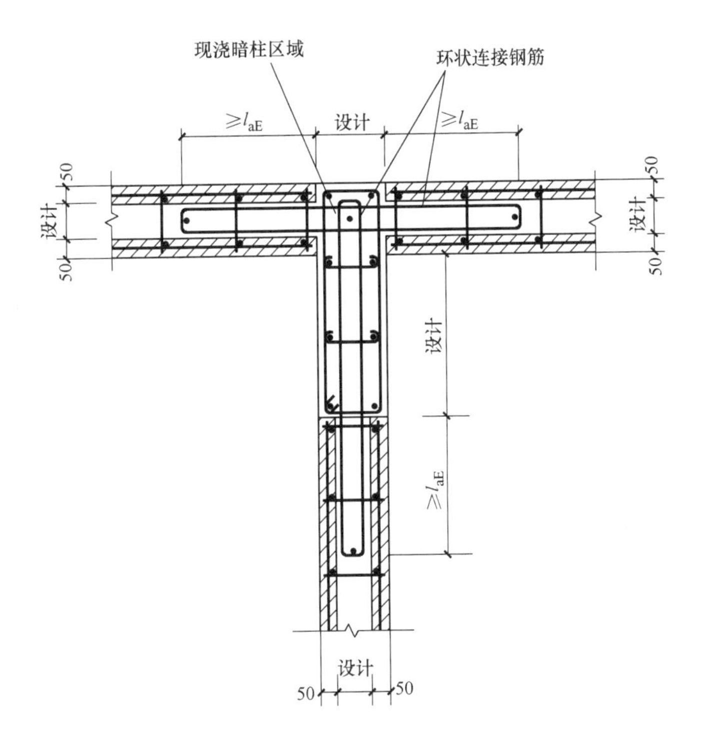

图 8-6　预制空腔墙 T 形连接节点（mm）

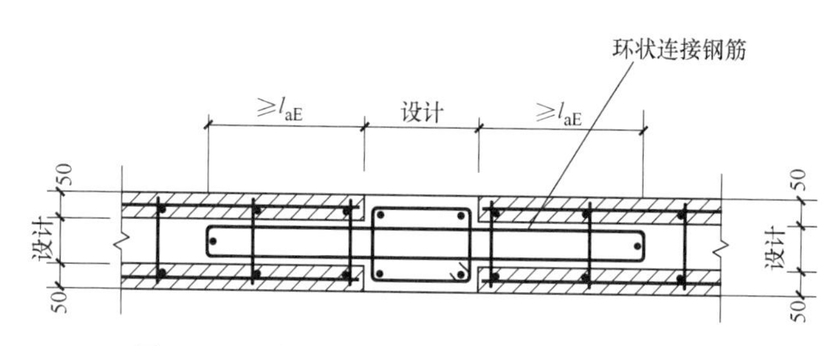

图 8-7　预制空腔墙一字形连接节点（mm）

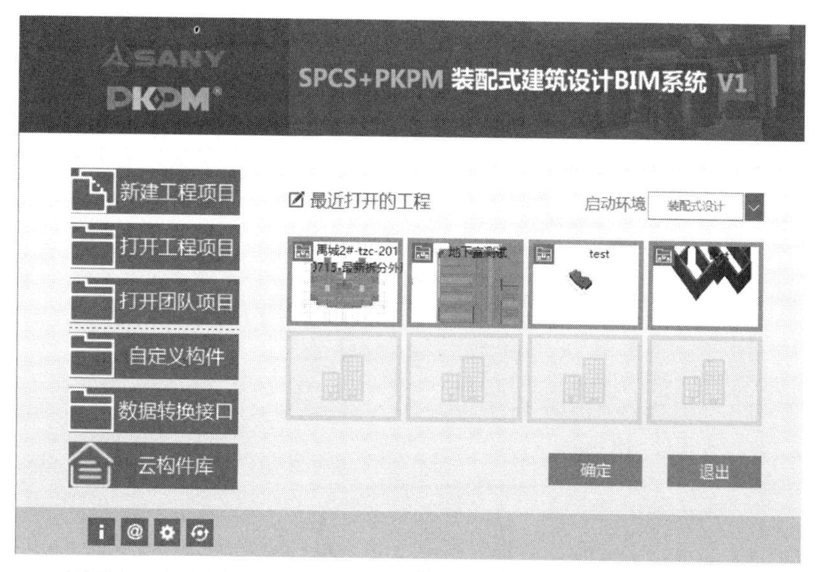

图 8-8　SPCS+PKPM/REVIT 装配式建筑设计 BIM 系统界面

预制构件需求情况　　**表 8-4**

预制构件类型	使用楼层	暂估构件方量（m^3）	单层构件方量（m^3）	单层构件件数
叠合楼板	2～32	1043	17.4	84
预制空调板	2～32	32	0.5	14
预制楼梯	2～32	230	3.8	4
预制空腔墙	5～32	3120	57.8	78
合计		4425	79.5	180

例如，按三天一层的进度，可计算出构件日均需求量约为 26.5m^3，据此选择供货厂家。

区别于传统 PC 构件采购流程，SPCS 预制构件可通过 PCTEAM 项目周边搜索功能，确定供货经济半径内的 PC 工厂，并查看其剩余产能是否满足要求；通过工厂

"三现"查看生产现场及管理水平、人员组织等。并在线上完成招标、签订供货合同以及生产发货监控等。S 构件与传统 PC 构件采购流程对比如表 8-5 所示。

S 构件与传统 PC 构件采购流程对比　　**表 8-5**

流程	传统 PC		S 构件	
供应商推荐	根据供应商库选择长期合作单位,同时联系项目所在地较有实力的 PC 供货商	线下	通过 PCTEAM 项目搜周边功能,确定供货经济半径内的 PC 工厂	线上
供应商考察	实地考察 PC 供应商的产能、资质、生产场地、管理水平、构件质量、人员组织等	线下	通过 PCTEAM 平台查看其资质文件及其剩余产能是否满足需求。通过工厂"三现"查看生产现场及管理水平、人员组织等,结合线下考察	线上线下
公开招标	网上公开招标	线上	网上公开招标	线上
确定中标单位	网上开标,确定中标单位	线上	网上开标,确定中标单位	线上
签订供货合同	签订供货协议	线下	签订供货协议	线上 线下
生产	按照项目部需求,据图组织生产	线下	按照项目部需求,据图驱动生产,在线查看构件生产状态	线上 线下
发货	按吊装需求发货	线下	按吊装需求发货,在线查看构件运输状态和轨迹	线上 线下

通过 S 构件采购流程，最终确定距离娄底三一街区商住小区一期项目周边 135km 的湖南三一筑工有限公司为供货单位，其日产能可达到 48m^3，满足构件供货需求（图 8-9）。

注：若当地有符合能力的 PC 工厂，可直接与其签订构件采购合同；若当地有 PC 工厂，但无 S 构件生产能力，初始项目构件可交给三一筑工，由其扶持指导当地 PC 工厂升级至具备 S 构件生产能力，由其供货。

（2）智能化生产

工厂制定钢筋加工及投放、边模自动拆布、管线开孔定位、混凝土智能浇筑等工序智能制造方案，利用 SPCI 工业软件解析数据，实现建筑数据在各环节中的流转和利用，驱动工厂设备连续生产，并可大幅提高生产效率、减少误差（图 8-10）。

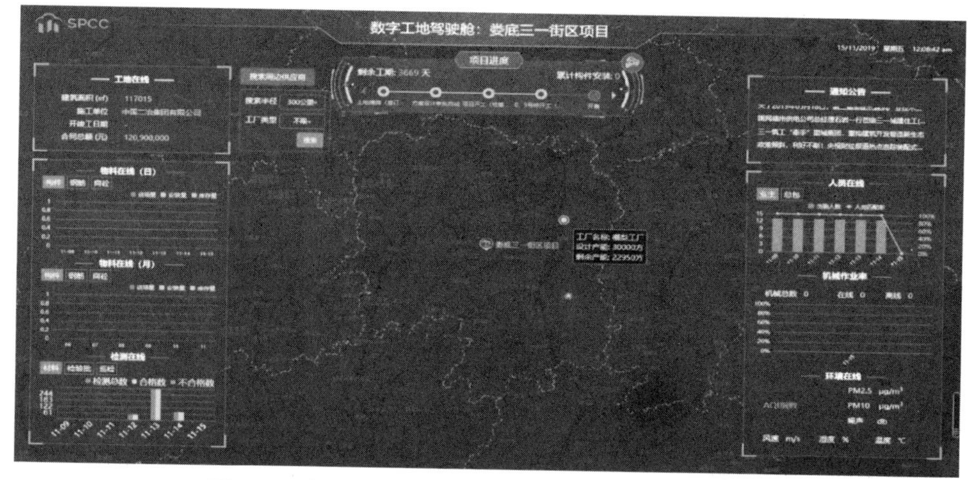

图 8-9　娄底三一街区项目数字工地驾驶舱界面图

图 8-10　智能化生产线

3. 施工

（1）三天一层穿插施工计划

根据 SPCS 施工特点，制定三天一层的穿插施工计划。第一天完成施工流水段测量放线、墙板安装、暗柱钢筋绑扎以及模板支设的工作；第二天完成竖向支撑支设、叠合板安装、水电预埋及顶板钢筋绑扎；第三天完成混凝土浇筑工作（图 8-11）。

（2）施工仿真模拟

基于三一筑工 BIM 协同平台，实现建造的一件一码数字施工仿真模拟（图 8-12）。

（3）施工数字化管理

根据三一筑工数字工地 SPCC 部署标准，数字工地部署方案包含现场视频监控设备、环境监测设备、能源监测设备，如图 8-13 所示。

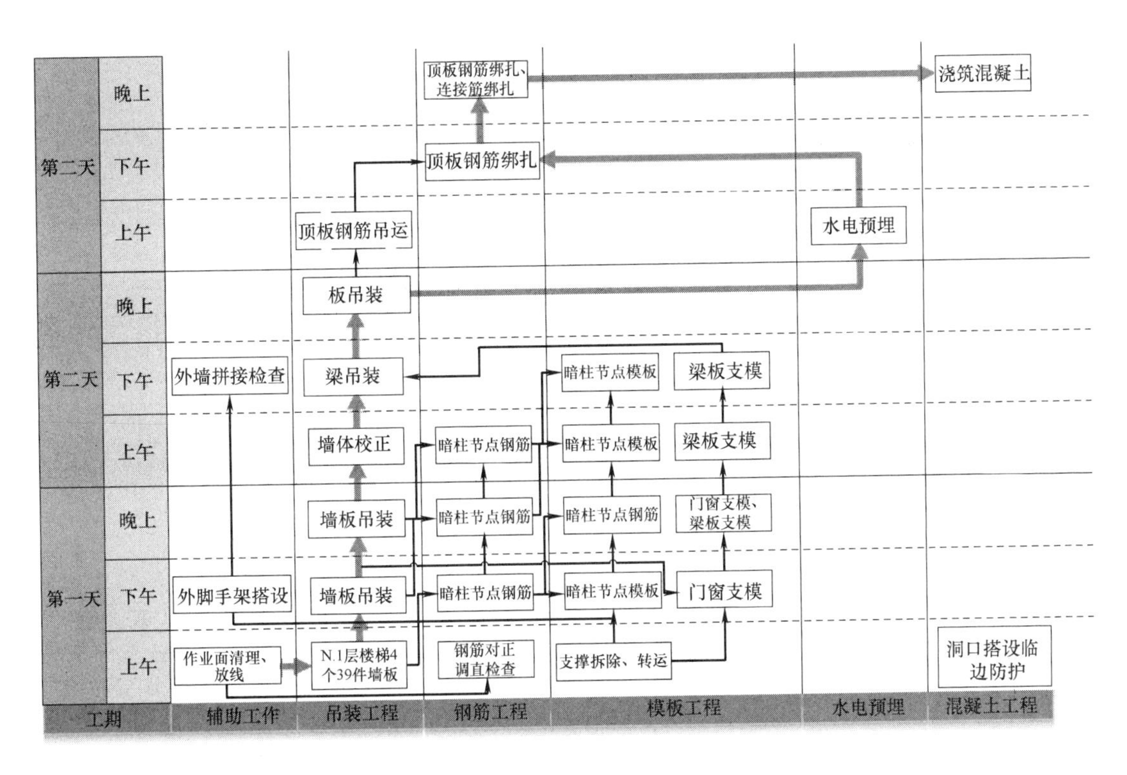

图 8-11　三天一层穿插施工计划

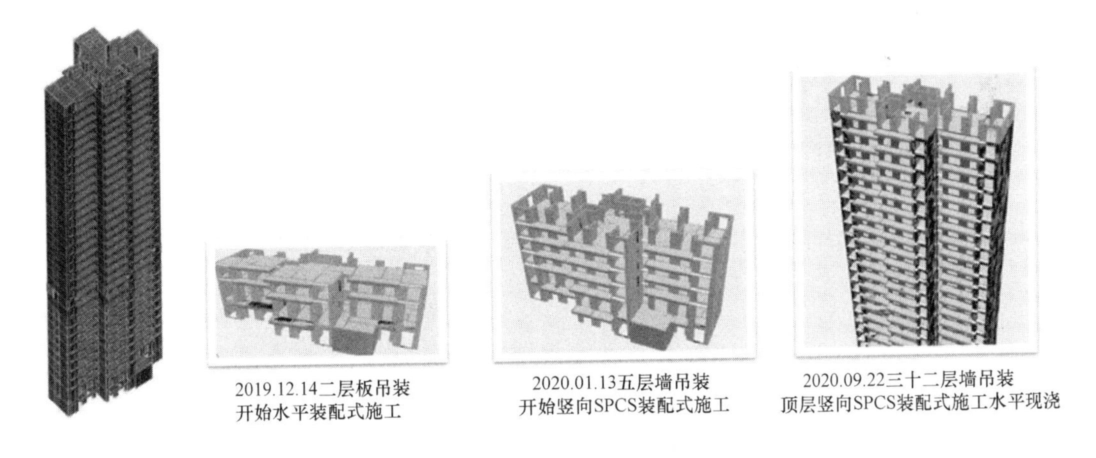

图 8-12　建造数字孪生模拟

通过 SPCC 驾驶舱，对娄底三一街区商住小区一期项目进度计划、物料在线（预制空腔构件、钢筋、商品混凝土）、检测在线、人员在线、机械在线、环境在线进行实时管控，做到项目实时动态、在线协同以及全局最优的项目管理（图 8-14、图 8-15）。数字工地功能简介如表 8-6 所示。

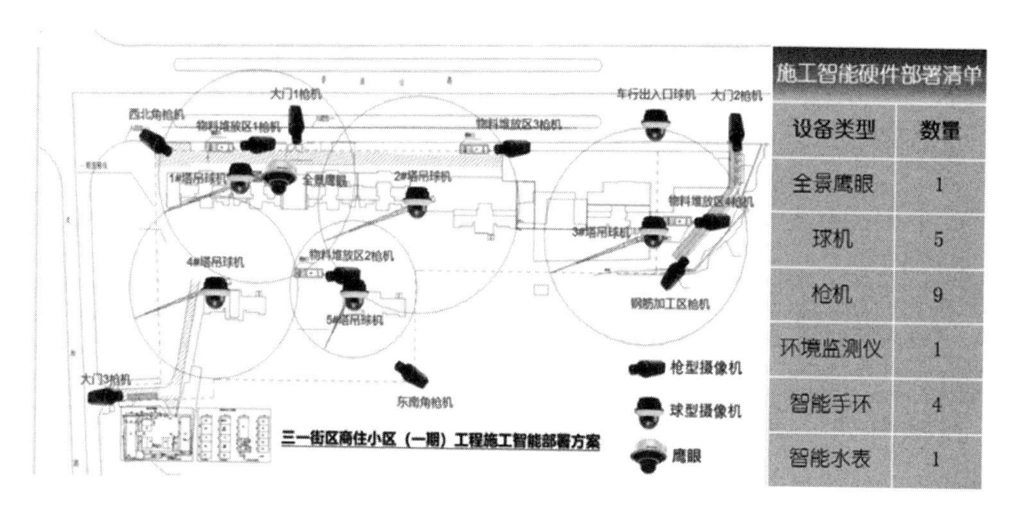

图 8-13　数字工地方案部署图

数字工地功能介绍　　**表 8-6**

序号	功能模块	功能简介	实时动态辅助决策
1	项目进度	实时显示里程碑完成情况及完成时间	及时了解项目进度目标完成情况
2	物料在线	实时显示构件、钢筋、混凝土进场、使用、库存的情况	通过装配式施工核心物料产、销、存情况，实时动态了解项目物料是否影响实现进度目标、成本目标
3	检测在线	显示核心物料检验、检验批及质量巡检合格情况	通过质量在线模块，实时在线质量管控，从而实现项目质量目标
4	人员在线	显示建设方及总包方管理与施工人员数量	动态了解现场人员数，对比施工标准人员配置，动态调整人力资源
5	机械在线	显示塔式起重机等核心施工机械作业率、开机率	实现对装配式核心施工机具塔式起重机作业率实时监控，通过对比合理化作业率，掌控现场吊装作业效率
6	环境在线	显示包括PM2.5、PM10、风速、湿度等核心环境指标	实时掌握现场环境情况，根据历史记录，掌握环境影响现场进度目标的天数

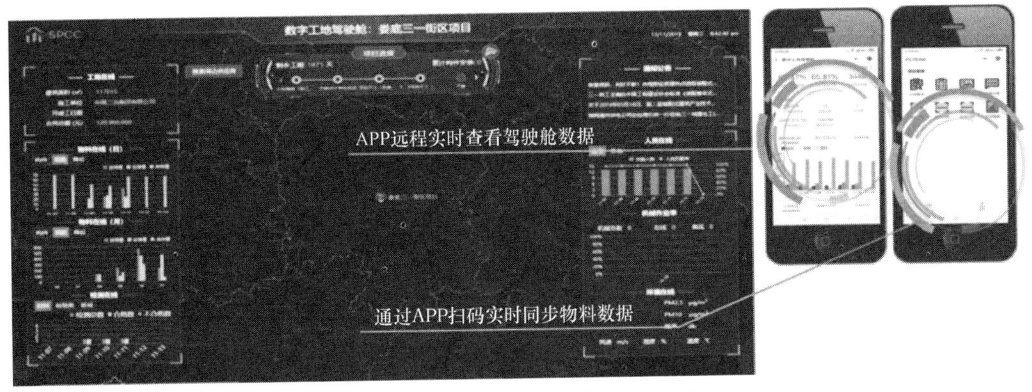

图 8-14　施工智能驾驶舱及 APP 界面

图 8-15　SPCC“三现”管理平台

（4）施工效果展示（表 8-7）

施工效果展示　　**表 8-7**

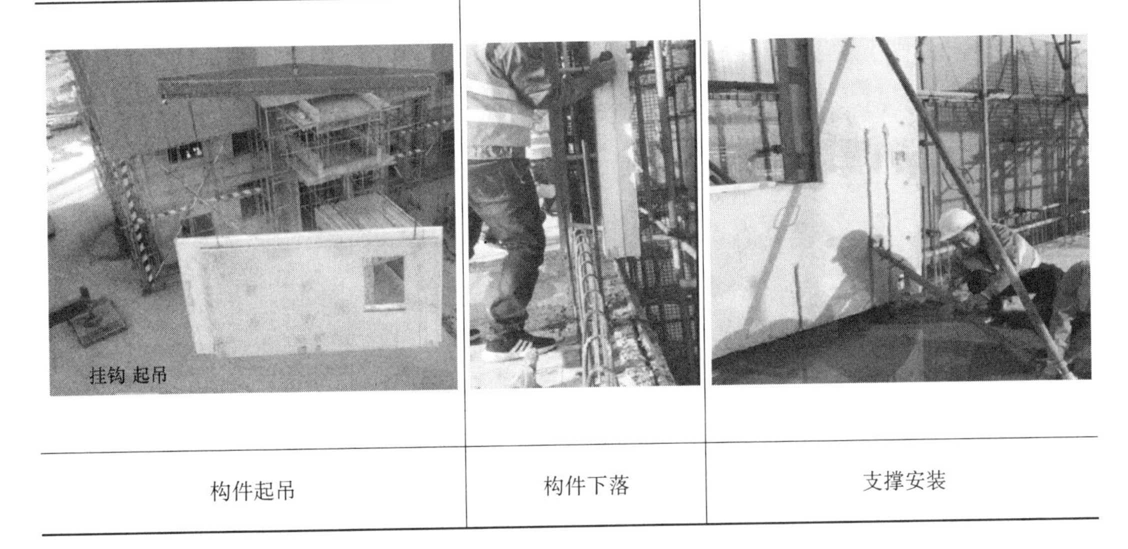

构件起吊	构件下落	支撑安装

续表

L形节点	核心钢筋笼	模板安装
顶板连接钢筋	外墙观感	外墙整体效果
T字形墙体效果	一字形墙体效果	门洞口效果

8.1.3　效益分析

经综合分析比较，装配整体式 SPCS 结构（剪力墙结构）体系比传统建造方式的成本增量约为 143 元/m^2。该项目可实现 3～4d/层，考虑提前开盘可提前回收资金成本后，SPCS 结构比原传统现浇结构体系高 91 元/m^2。

8.2　【典型工程案例 2】站南片区棚改项目 31 号楼幼儿园

8.2.1　工程简介

1. 基本信息

（1）项目名称：站南片区棚改项目 31 号楼幼儿园；

（2）项目地点：山东省德州市禹城市解放路以东，兴华巷以北；

（3）建设单位：禹城瑞丰投资有限公司；

（4）设计单位：沈阳三一建筑设计研究院有限公司；

（5）施工单位：禹城市建业建筑安装工程有限公司；

（6）预制构件生产单位：三一城建住工（禹城）有限公司

（7）工期要求：2018 年 3 月 31 日～2020 年 12 月 31 日。

2. 项目概况

禹城市站南片区棚改项目是 2019 年度山东省装配式建筑示范工程，应用装配整体式 SPCS 结构体系的为 2 号楼住宅楼及 31 号楼幼儿园。其中 31 号楼幼儿园为框架结构，地上 2 层，无地下，建筑高度 8.4m，建筑面积 1449.79m^2。采用工业化方法制造和建造，保障安全和现场文明施工。柱、梁、楼板和楼梯等采用预制混凝土构件，装配率为 65%（图 8-16、图 8-17）。

8.2.2　装配整体式 SPCS 体系成套技术应用情况

1. 设计

（1）抗震设防

抗震设防烈度：7 度（0.15g），设计地震分组为第二组，场地类别Ⅲ类。

（2）SPCS 应用范围如表 8-8 所示。

（3）关键节点

本工程上、下节预制空腔柱纵筋通过机械连接（可调组合套筒），竖向连接节点如图 8-18 所示。

图 8-16　禹城市站南片区棚改项目鸟瞰图

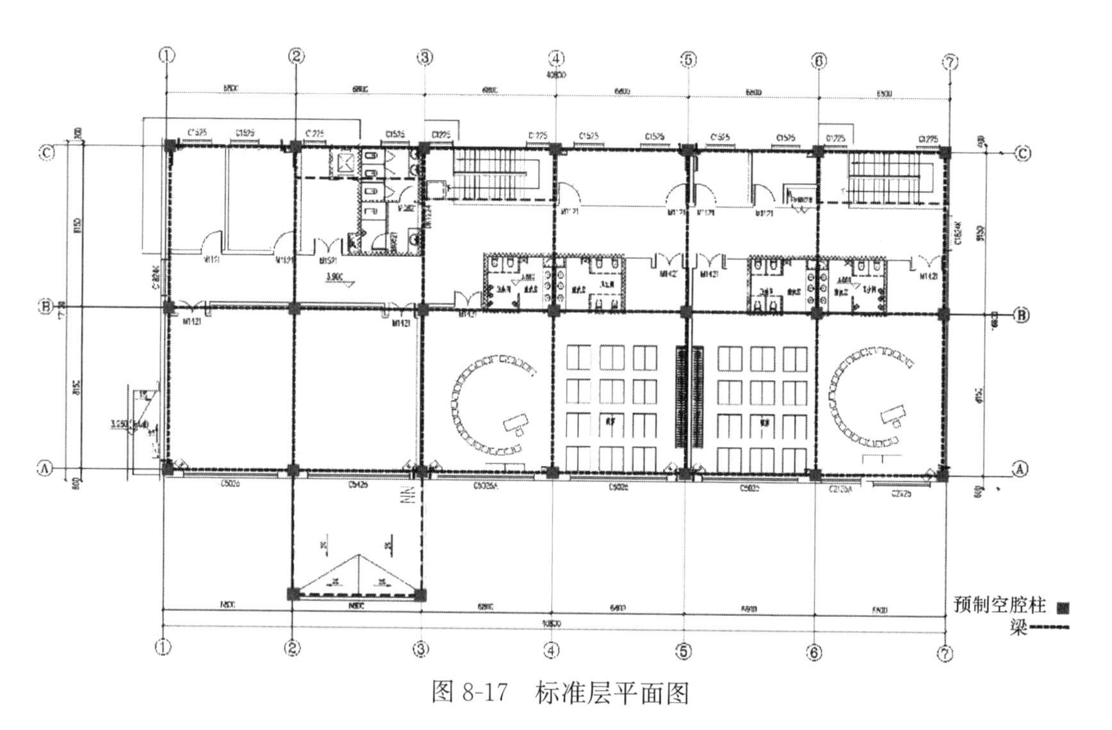

图 8-17　标准层平面图

SPCS 结构应用情况表　　表 8-8

部位	部品部件	31 号楼应用范围
主体结构	柱、支撑、承重墙、延性墙板	SPCS 预制空腔柱
	梁	预制叠合梁
	板	预制叠合板
	楼梯	预制楼梯
	阳台	—
	空调板	—
围护墙和内隔墙	非承重围护墙非砌筑	—
	围护墙与保温、隔热、装饰一体化	围护与保温一体化
	内隔墙非砌筑	ALC 轻质隔墙
	内隔墙与管线、装修一体化	—
装修和设备管线	全装修	全装修
	干式工法楼面、地面	—
	集成厨房	—
	集成卫生间	—
	管线分离	—
装配率		≥65%，A 级

（4）软件应用

运用 SPCS+PKPM/REVIT 装配式建筑设计 BIM 系统，实现权威的结构计算、便捷高效地进行操作、准确自动地进行拆分，让装配式建筑设计更便捷、高效。

2. 制造

（1）供货厂家确定

本项目 31 号楼 PC 构件有叠合楼板、楼梯、叠合柱、叠合梁，构件详情和具体需求如表 8-9 所示。

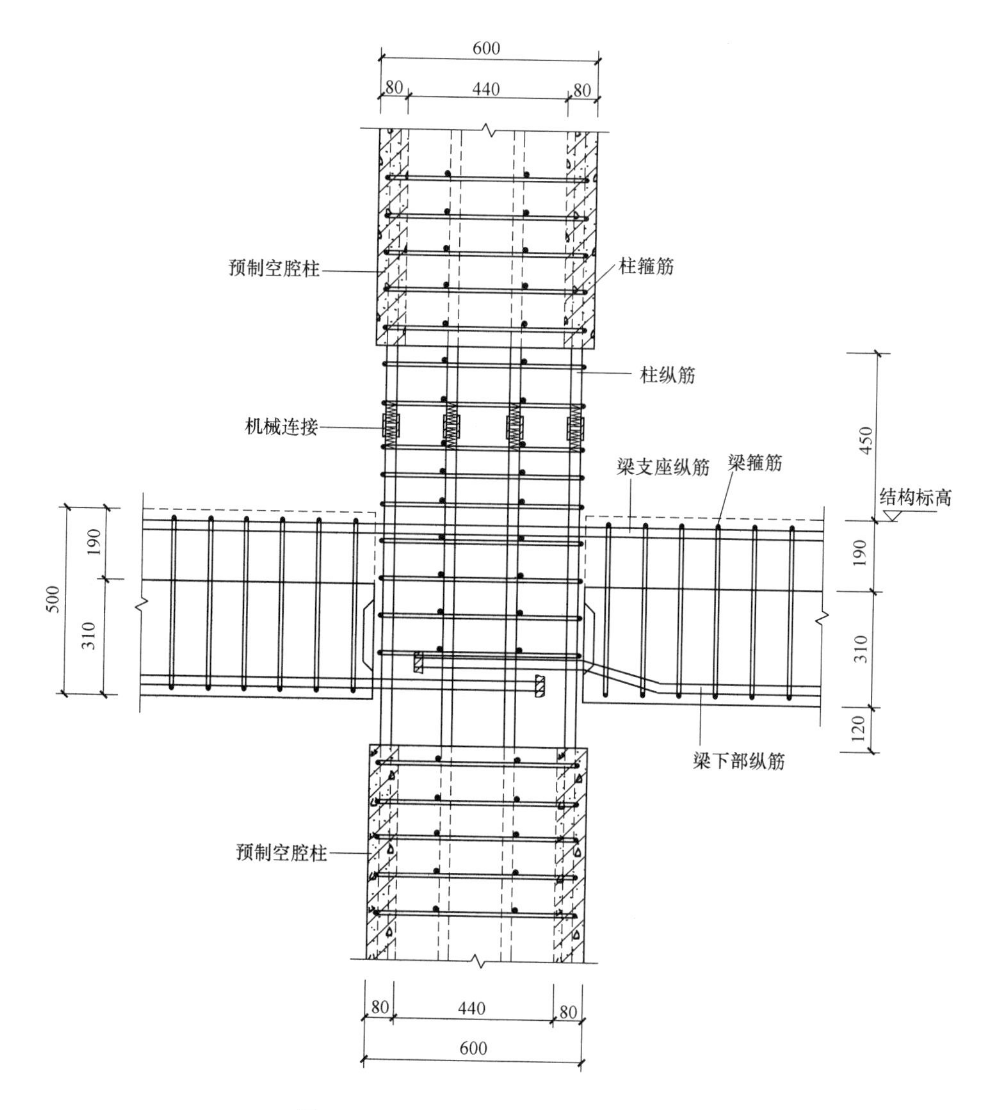

图8-18 预制空腔柱竖向连接节点

预制构件需求情况 **表8-9**

预制构件类型	使用楼层	暂估构件用量（m^3）	单层构件用量（m^3）	单层构件件数
叠合板	1～2	45.6	98	36
叠合梁	1～2	60	125	38
预制楼梯	1～2	3.8	8	4
预制空腔柱	1～2	11.5	23	23
合计		120.9	254	101

例如，按三天一层的进度，可计算出构件日均需求量约为 15.9m^3，据此选择供货厂家。SPCS 预制构件通过 PCTEAM 项目周边搜索功能，确定供货经济半径内的 PC 工厂，并查看其剩余产能是否满足要求；通过工厂“三现”查看生产现场及管理水平、人员组织等。并在线上完成招标、签订供货合同以及生产发货监控等。

通过 S 构件采购流程，最终确定距离禹城站南片区棚改 31 号楼幼儿园项目周边 15km 的三一城建住工（禹城）有限公司为供货单位（图 8-19）。

图 8-19　禹城站南片区棚改项目数字工地驾驶舱界面图

（2）工业化生产

工厂制定钢筋加工及投放、边模自动拆布、管线开孔定位、混凝土智能浇筑等工序智能制造方案，利用 SPCI 工业软件解析数据，实现建筑数据在各环节中的流转和利用，驱动工厂设备连续生产，并可大幅提高生产效率、较少误差（图 8-20）。

装配整体式 SPCS 结构中的预制空腔柱生产与传统工艺有着较大的区别。由于预制空腔柱空腔内分布着柱体箍筋，采用传统工艺时，只能逐一每边浇筑柱体的混凝土预制层，分别通过四次浇筑完成柱体生产，不仅效率低下更难以保证质量。本工程预制空腔柱采用专用模具和专有装备，应用首创的“离心法”制造技术一次性整体生产预制空腔柱，不仅大大提高了生产效率，构件质量也得到了充分保证。

3. 施工

（1）三天一层穿插施工计划

经过前期策划，采取提前穿插施工等措施制定三天一层的施工计划。

第一天完成施工流水段测量放线、预制空腔柱安装及模板支设的工作；第二天完

图8-20　智能生产线

成竖向支撑支设、叠合板安装、水电预埋及顶板钢筋绑扎；第三天完成混凝土浇筑工作。

（2）施工数字化管理

根据三一筑工数字工地SPCC部署标准，数字工地部署方案包含现场视频监控设备、环境监测设备、能源监测设备等（图8-21）。

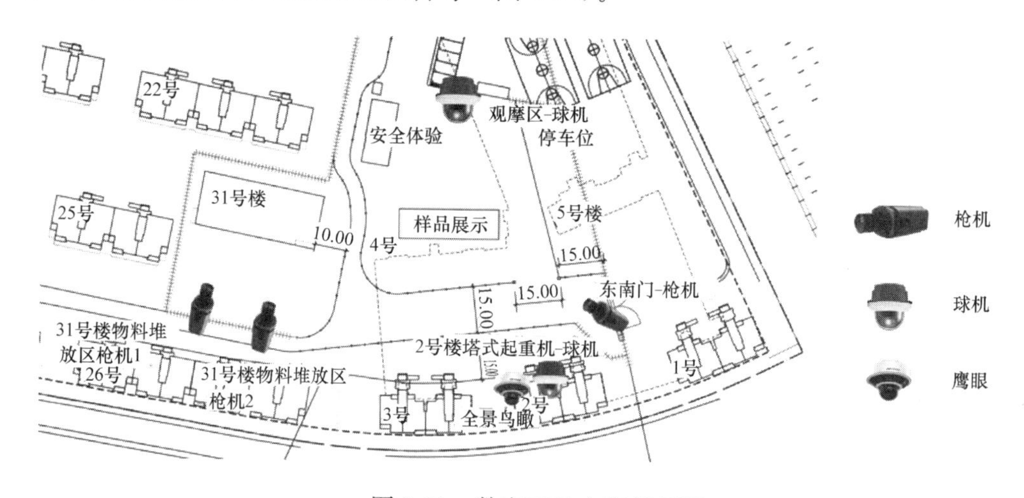

图8-21　数字工地方案部署图

通过SPCC驾驶舱，对禹城站南片区棚改项目进度计划、物料在线（预制空腔构件、钢筋、商品混凝土）、检测在线、人员在线、机械在线、环境在线进行实时管控，做到项目实时动态、在线协同以及全局最优的项目管理（图8-22、图8-23）。

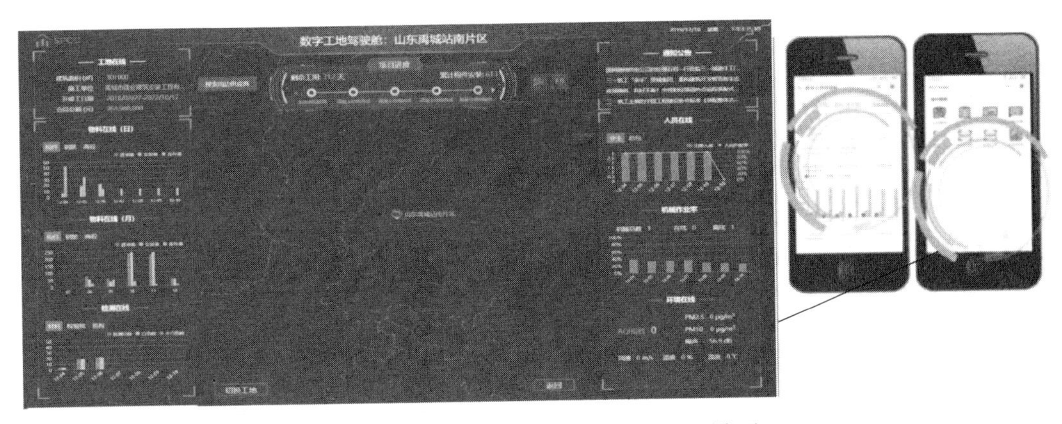

图 8-22　施工智能驾驶舱及 APP 界面

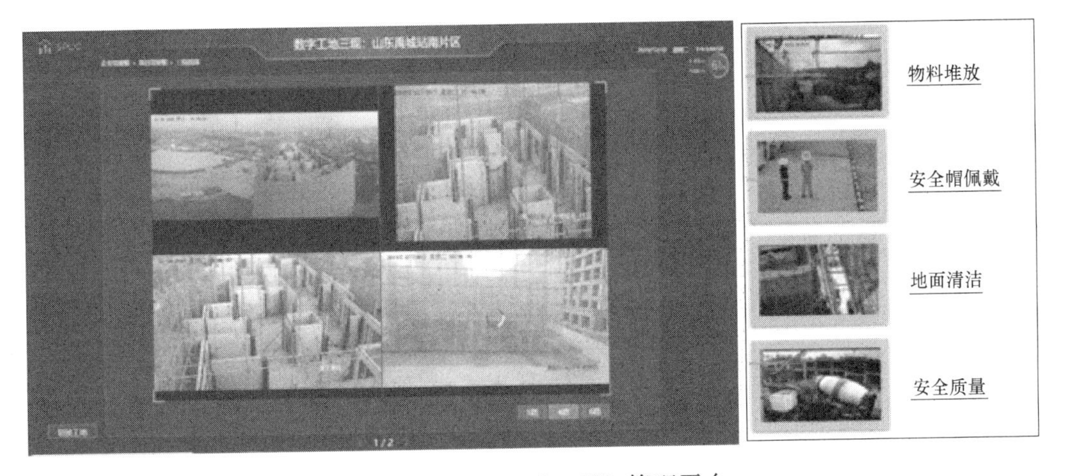

图 8-23　SPCC“三现”管理平台

8.2.3　效益分析

该项目可实现 3～4d/层，经综合分析比较，装配整体式 SPCS 结构（框架结构）体系比传统建造方式的成本增量约为 107 元/m^2。若考虑山东省装配式建筑容积率奖励，装配整体式 SPCS 结构比原传统现浇结构体系高约 82 元/m^2。

第9章　装配式建筑发展的趋势与未来展望

17年之后，又一场突如其来的疫情打破了人们的生活和工作节奏，在危急关头，建筑人以惊人的速度建设了火神山、雷神山医院，再现了当年北京为抗击“非典”而建设小汤山医院的奇迹。装配式建筑业由此成为建筑界的热门话题。

工程实践证明了装配式建筑的优势，建设周期短、质量好、应急能力强，是战时和疫情之下快速建造的最佳选择。疫情虽然无情，但对装配式建筑的发展却无意之中起到了推动作用。除了装配式建筑在疫情应急方面取得的显著成效外，以下原因也加快了装配式建筑的发展：一是为了缩短工期，弥补疫情引起的工期延期损失；二是应对建筑工人数量的短缺；三是满足政策的要求的同时享受政策带来的红利。更重要的是，大家越来越认识到装配式建筑的发展已成为必然趋势，以装配式建筑发展为核心，围绕着新型建筑工业化，装配式建筑产业发展的理念和发展模式也日渐成熟，主要体现在：

（1）业务在线化。疫情让大家足不出户，线上工作成为常态；工程设计、方案讨论、远程管理，甚至业务洽谈、市场营销也搬到了线上，工作方式的强制改变，养成了大家线上工作的良好习惯，相信疫情结束后，线上工作依然是提高工作效率的有效手段。业务在线化还将催生信息化、数字化和智能化程度的提高和发展。

（2）生产智能化。把建筑当产品、把施工当制造是装配式建筑的核心理念，必将催生构配件和部品部件生产的智能化。生产智能化实现远程管理、柔性制造，生产效率和管理水平大幅度提高。

（3）施工少人化。施工现场的平均年龄越来越高，35岁以下的青壮年已不足10%，除了老龄化带来的冲击，传统的建筑施工以手工劳动为主，没有职业尊严感，使得年轻人越来越少从事此行业。因此，提高装配式建筑机械化和智能化程度，实现建筑工程施工少人化也将成为未来的发展趋势。

装配式建筑的应用及其发展趋势已成为大家的共识，而且装配式建筑企业的发展还呈现以下特点：

（1）新型装配式建筑技术的出现将会催生建筑工业化程度的进一步提高。在装配式混凝土结构上，传统灌浆套筒结构会进一步优化，但其他结构技术将不断涌现和发展；在德国双皮墙技术上发展而来的空腔叠合混凝土结构技术更适合中国国情，将会得到大力推广和发展。

（2）装配式建筑将从单纯的地上结构向地上地下全装配发展。由于传统装配式混凝土结构技术局限性，其并不能适用于地下结构特殊的受力及防水要求，故仅可用于地上建筑。试验研究表明，装配整体式叠合混凝土结构由于体系自身的特点，用于地下工程的外墙时具有良好的防水效果。目前已有部分工程的地下外墙采用装配整体式叠合混凝土外墙。

(3) 装配式建筑将从结构为主的预制向全专业装配式发展。随着建筑工业化水平的提高，结构工程、机电工程、装饰装修等全专业实现装配式已成为可能，近年来很多工程尝试进行了全专业的装配式实践取得了较好的效果，尤其是较为复杂的机房工程采用模块化预制装配式施工，实现了快速施工，并取得了良好的经济效益。

装配式建筑技术在不断创新，疫情的到来更应该促使我们加快创新的步伐。通过技术创新，未来必将进一步提升装配式建筑产品性能和质量，提升企业的产品竞争力。

附录 专利清单

装配整体叠合结构（SPCS）体系专利清单　　附表

序号	专利号	专利名称
1	ZL202022216466.9	一种预制防水叠合构件及具有其的叠合墙
2	ZL202021083157.2	带保温的墙体构件及连接结构
3	ZL202020550363.3	分体式线盒、包含其的装配式叠合墙板
4	ZL202020550196.2	一种墙体构件及其连接结构
5	ZL202020495022.0	一种空腔剪力墙的竖向插筋结构及其连接结构
6	ZL202020495018.4	一种带保温空腔剪力墙的竖向插筋结构及其连接结构
7	ZL202020357018.8	一种叠合墙预制件
8	ZL202020356751.8	一种叠合墙预制件
9	ZL202020306844.X	连接钢筋、包含其的预制墙搭接结构
10	ZL202020306435.X	墙体连接组件及包含其的连接结构
11	ZL202020289163.7	一种叠合墙预制件
12	ZL202020289125.1	一种叠合墙预制件
13	ZL201930444286.6	保温连接件
14	ZL201930302308.5	桁架式保温连接件
15	ZL201922446619.6	一种叠合空腔剪力墙生产用混凝土布料装置
16	ZL201922444448.3	一种预应力预制楼板、双向预应力预制楼板及制作方法
17	ZL201922398765.6	承托梁及楼板局部降板节点
18	ZL201922397659.6	叠合剪力墙
19	ZL201922341060.0	预制柱节点连接结构

续表

序号	专利号	专利名称
20	ZL201922340239.4	空腔预制柱节点连接结构
21	ZL201922340185.1	空腔预制柱节点连接结构
22	ZL201922331145.0	预制柱节点连接结构
23	ZL201922298253.2	空腔格构墙体预制件
24	ZL201922297934.7	空腔格构墙体预制件
25	ZL201922265002.4	叠合剪力墙预制件
26	ZL201922247351.3	叠合地下结构外墙与基础连接节点
27	ZL201922223263.X	预制构件开槽粗糙面模具、带有槽口粗糙面的预制构件
28	ZL201922211499.1	空腔格构承重墙预制件
29	ZL201922134418.2	双皮墙支撑夹具
30	ZL201922096098.6	双皮墙预制件的生产装置
31	ZL201922092315.4	双皮墙连接结构
32	ZL201922071190.7	用于双皮墙的成型钢筋笼及双皮墙预制件
33	ZL201922067706.0	一种预制板墙连接节点
34	ZL201922023942.2	用于空腔预制构件的内壁粗糙面成型装置
35	ZL201921991869.1	叠合预制楼板
36	ZL201921963968.9	内壁带键槽的叠合墙、键槽定型工具
37	ZL201921907999.2	一种预制梁柱板连接节点
38	ZL201921907887.7	混凝土预制板及连接结构
39	ZL201921907872.0	叠合混凝土预制柱及连接结构
40	ZL201921820314.0	用于叠合剪力墙水平缝连接的整体成型钢筋笼
41	ZL201921820313.6	夹心叠合剪力墙现浇连接段结构及其连接件

续表

序号	专利号	专利名称
42	ZL201921696472.X	一种预制柱与基础搭接连接节点
43	ZL201921691519.3	双皮墙连接构件及连接结构
44	ZL201921689272.1	适合双皮墙的斜向布料装置
45	ZL201921685125.7	一种双皮墙结构及其模具
46	ZL201921665955.3	预制空心柱叠合梁连接结构
47	ZL201921649135.5	混凝土支撑柱以及支撑柱组件
48	ZL201921649134.0	装配式建筑
49	ZL201921641177.4	装配式混凝土组件及混凝土结构体系
50	ZL201921640370.6	一种装配式框架建筑结构及建筑主体
51	ZL201921640369.3	装配式建筑结构体系
52	ZL201921639544.7	一种叠合外墙结构及组件
53	ZL201921551194.9	叠合剪力墙的飘窗结构
54	ZL201921538132.4	一种装配式框架结构组合体系
55	ZL201921538103.8	牛腿叠合梁及其成型设备
56	ZL201921532552.1	保温板连接件及夹心叠合剪力墙
57	ZL201921477164.8	叠合柱现浇段的模板工装
58	ZL201921477084.2	一种空腔框架柱
59	ZL201921469350.7	外墙功能板的支撑架及夹心保温叠合剪力墙
60	ZL201921388622.0	一种多点弹性起吊装置
61	ZL201921379073.0	免支模带装饰框架柱及框架柱梁体系
62	ZL201921338378.7	装配式钢结构及装配式建筑
63	ZL201921253158.4	装配式钢结构-混凝土混合结构体系和低层住宅建筑

续表

序号	专利号	专利名称
64	ZL201921252660.3	侧向支撑预埋件及其装配式 PCF 板安装施工结构
65	ZL201921248514.3	装配式钢结构短肢剪力墙和低层住宅建筑
66	ZL201921145839.9	挑板预装结构及装配式墙体
67	ZL201921145838.4	装配式浇筑结构及装配式建筑
68	ZL201921130277.0	一种免连接件的预制柱与基础连接节点结构
69	ZL201920997273.6	一种装配式空调板
70	ZL201920996435.4	夹心保温叠合剪力墙起吊挂钩及其起吊系统
71	ZL201920996433.5	一种预埋套管的预制墙板
72	ZL201920990187.2	夹心保温叠合剪力墙
73	ZL201920983639.4	一种预制构件粗糙面成型工具及包含其的组件
74	ZL201920982945.6	一种夹心保温叠合剪力墙保温连接件
75	ZL201920980803.6	一种连接件及其夹心保温墙板
76	ZL201920975422.9	一种预制空心柱及装配式混凝土柱
77	ZL201920905827.5	叠合空心柱的连接节点结构
78	ZL201920825751.5	混凝土空心柱及叠合混凝土空心柱的搭接式连接节点结构
79	ZL201920766559.3	次梁与主梁的连接节点结构
80	ZL201920761734.X	主梁与次梁连接组件及框架结构体系
81	ZL201920760850.X	预制门窗一体化叠合墙板
82	ZL201920760847.8	连接装置及叠合墙
83	ZL201920404359.3	叠合剪力墙连接结构、水平连接结构及竖向连接结构
84	ZL201920246645.1	叠合剪力墙
85	ZL201911339963.3	空腔预制柱节点连接结构及施工方法

续表

序号	专利号	专利名称
86	ZL201911338755.1	预制柱节点连接结构及施工方法
87	ZL201911162215.2	空腔预制构件生产方法及内模具
88	ZL201910959600.3	适合双皮墙的斜向布料方法
89	ZL201822229323.4	一种新型预制柱
90	ZL201822228274.2	一种新型保温连接件
91	ZL201822224441.6	用于叠合三明治墙体的固定工装、叠合三明治墙体系统
92	ZL201822191167.7	装配式内墙的预制式布线结构及建筑物
93	ZL201822129986.9	楼板拼缝通风管结构及通风结构
94	ZL201822097087.5	叠合楼板、同层排水系统及房屋
95	ZL201822070669.4	叠合剪力墙板及叠合剪力墙
96	ZL201822070668.X	叠合剪力墙板及叠合剪力墙
97	ZL201822070667.5	应用于叠合框架柱离心法制造的钢模装置、制造设备
98	ZL201822045388.3	室内管线布设系统及建筑物
99	ZL201821990428.5	先张法预应力叠合梁
100	ZL201821990327.8	先张法预应力焊接箍筋网片叠合框架梁及框架连接节点
101	ZL201821557990.9	彩色混凝土叠合柱
102	ZL201821540349.4	墙体竖向连接结构及装配式建筑结构体系
103	ZL201821540348.X	L形墙体连接结构及装配式建筑结构体系
104	ZL201821540070.6	装配式混凝土叠合柱安装系统
105	ZL201821531065.9	预制三明治墙体及装配式建筑结构体系
106	ZL201821531063.X	墙体竖向连接结构及装配式建筑结构体系
107	ZL201821530989.7	墙体与楼板连接结构及装配式建筑结构体系

续表

序号	专利号	专利名称
108	ZL201821530940.1	墙体与梁平面内连接结构及装配式建筑结构体系
109	ZL201821530869.7	墙体与基础连接结构及装配式建筑结构体系
110	ZL201821530784.9	预制剪力墙体及装配式建筑结构体系
111	ZL201821530770.7	预制三明治墙体及装配式建筑结构体系
112	ZL201821527759.5	装配式建筑结构体系
113	ZL201821527729.4	装配式建筑结构体系
114	ZL201821527671.3	预制剪力墙体及装配式建筑结构体系
115	ZL201821527393.1	墙体与楼板连接结构及装配式建筑结构体系
116	ZL201821527392.7	墙体与基础连接结构及装配式建筑结构体系
117	ZL201821527360.7	墙体与梁平面外连接结构及装配式建筑结构体系
118	ZL201821471085.1	预制多层叠合柱、钢筋混凝土柱及装配式建筑体
119	ZL201821471084.7	预制叠合柱、钢筋混凝土柱及装配式建筑体
120	ZL201821470035.1	预制叠合柱、钢筋混凝土柱及装配式建筑体
121	ZL201821453059.6	支撑系统、装配式叠合框架柱
122	ZL201821447019.0	预制构件智能安装自动校正设备
123	ZL201821418764.2	自动调节斜支撑
124	ZL201821389745.1	叠合柱可充气式内支撑装置及一次性浇筑叠合柱
125	ZL201821381855.3	一种预制清水彩色混凝土叠合柱
126	ZL201821379953.3	应用于装配式墙板定位标高可调式垫块装置
127	ZL201821379934.0	应用于装配式叠合剪力墙端部加固模板组件及叠合剪力墙
128	ZL201821379840.3	应用于 SP 预应力空心板起拱度调节装置
129	ZL201821378831.2	装配式混凝土墙吊装调节用工装、装配式墙

续表

序号	专利号	专利名称
130	ZL201821378793.0	应用于装配式叠合墙板、叠合柱定位标高快速调平装置
131	ZL201821378730.5	竖向与水平整体叠合混凝土框架结构体及叠合成型体
132	ZL201821134418.1	梁模壳及免模板钢筋混凝土梁
133	ZL201821124733.6	预制构件连接器、预制构件及预制构件连接节点
134	ZL201821090866.6	柱与柱连接组件和框架结构体系
135	ZL201821075945.X	主梁与主梁连接组件和框架结构体系
136	ZL201821075943.0	框架结构体系
137	ZL201821075900.2	梁与柱连接组件和框架结构体系
138	ZL201821075897.4	柱与基础连接组件和框架结构体系
139	ZL201821075895.5	预制梁
140	ZL201821075859.9	柱与柱的连接节点结构
141	ZL201821074245.9	装配式框架柱及免模板钢筋混凝土柱
142	ZL201821074114.0	梁与柱的连接节点结构
143	ZL201821074068.4	预制梁壳、梁体和框架结构体系
144	ZL201821074056.1	预制柱壳、柱体和框架结构体系
145	ZL201821073791.0	预制柱
146	ZL201821073444.8	装配式结构体系
147	ZL201821073394.3	柱与基础的连接节点结构
148	ZL201821073348.3	梁与梁的连接节点结构
149	ZL201821004065.3	一种新型保温连接件及带保温叠合剪力墙
150	ZL201820963418.6	模壳墙体及建筑物
151	ZL201820963366.2	预制标准化钢筋笼及钢筋笼混凝土墙体

续表

序号	专利号	专利名称
152	ZL201820963357.3	模壳墙体及建筑物
153	ZL201820963051.8	模壳墙体及建筑物
154	ZL201820962966.7	预制标准化钢筋笼及钢筋笼混凝土墙体
155	ZL201820962578.9	模壳墙体及建筑物
156	ZL201820248934.0	一种装配式复合墙板
157	ZL201810140404.9	一种再生混凝土、装配式复合墙板及其制备方法
158	ZL201721924883.0	预制墙板组件
159	ZL201721924788.0	墙体系统
160	ZL201721924667.6	预制梁与预制墙板组件及墙体系统
161	ZL201721924567.3	预制墙板及墙体系统
162	ZL201721924531.5	预制暗柱与预制墙板组件
163	ZL201721924434.6	预制暗柱
164	ZL201721923886.2	预制墙板及墙体系统
165	ZL201721923403.9	预制墙板与楼板组件及墙体系统
166	ZL201721669726.X	墙板与基础连接组件
167	ZL201721669710.9	用于墙板的连接装置及墙板组件
168	ZL201721669695.8	用于墙板的连接装置及墙板组件
169	ZL201721669691.X	用于墙板的连接装置及墙板组件
170	ZL201721665756.3	用于上下层墙板的连接装置及墙板组件
171	ZL201721660333.2	墙体系统
172	ZL201721660180.1	剪力墙连接结构及剪力墙连接系统
173	ZL201721660177.X	预制墙板与预制基础连接结构

续表

序号	专利号	专利名称
174	ZL201721656875.2	剪力墙免出筋连接结构、标准化墙板及房屋建筑
175	ZL201721656708.8	预制墙板与预制楼板连接结构
176	ZL201721656578.8	预制墙板
177	ZL201721656467.7	预制暗柱及预制暗柱与预制墙板连接结构
178	ZL201721655583.7	预制构件铰接装置及预制构件
179	ZL201721655534.3	预制构件连接装置及预制构件
180	ZL201721655531.X	预制构件铰接装置及预制构件
181	ZL201721650912.9	T 字形双排装配组件及双排装配连接系统
182	ZL201721650895.9	一字形双排装配组件及双排装配连接系统
183	ZL201721644470.7	L 字形双排装配组件及双排装配连接系统
184	ZL201721613552.5	墙板与楼板连接组件及墙体系统
185	ZL201721613536.6	墙板与梁连接组件及墙体系统
186	ZL201721613517.3	墙体系统
187	ZL201721613506.5	墙板与梁连接组件及墙体系统
188	ZL201721613487.6	预制墙板及墙板组件
189	ZL201721613350.0	防水墙板组件及墙体系统
190	ZL201721613333.7	基础与墙板连接组件及墙体系统
191	ZL201721539793.X	钢筋连接组件及装配式混凝土构件
192	ZL201721431276.0	一种钢筋机械连接接头及预制构件连接组件
193	ZL201721430172.8	周边叠合预制楼板单元及预制楼板组件
194	ZL201721416708.0	预制墙板连接结构及房屋建筑
195	ZL201721396039.5	墙板、剪力墙及建筑物

续表

序号	专利号	专利名称
196	ZL201720882931.8	混凝土预制板及叠合楼板
197	ZL201720723360.3	预制基础的连接结构及装配式建筑
198	ZL201720519193.0	墙板单元及基础、多层组合墙板结构
199	ZL201720274200.5	混凝土预制构件连接结构及房屋建筑
200	ZL201720274199.6	预制楼板连接结构及建筑物
201	ZL201720274196.2	预制构件的连接结构及装配式建筑物
202	ZL201620497029.X	一种墙板的安装结构

参考文献

[1] 郭学明. 装配式混凝土结构建筑的设计、制作与施工 [M]. 北京：机械工业出版社，2017.

[2] 装配整体式钢筋焊接网叠合混凝土结构技术规程 T/CECS 579—2019 [S].

[3] 装配式混凝土结构技术规程 JGJ 1—2014 [S].

[4] 混凝土结构设计规范 GB 50010—2010 [S].

[5] 高层建筑混凝土结构技术规程 JGJ 3—2010 [S].

[6] 装配式混凝土建筑技术标准 GB/T 51231—2016 [S].

[7] 建筑结构荷载规范 GB 50009—2012 [S].

[8] 自密实混凝土应用技术规程 JGJ/T 283—2012 [S].

[9] 钢筋焊接网混凝土结构技术规程 JGJ 114—2014 [S].

[10] 钢筋机械连接技术规程 JGJ 107—2016 [S].

[11] 建筑抗震设计规范 GB 50011—2010 [S].

[12] 混凝土结构工程施工规范 GB 50666—2011 [S].

[13] 混凝土结构工程施工质量验收规范 GB 50204—2015 [S].

[14] SP 预应力空心板（技术手册）99ZG408（附册一）[S].

[15] 钢筋锚固板应用技术规程 JGJ 256—2011 [S].

[16] 装配式混凝土结构施工与质量验收规程 DB11/T 1030—2013 [S].

[17] 预制混凝土构件质量验收标准 T/CECS 631—2019 [S].

[18] 肖凯成，杨波等. 装配式混凝土建筑施工技术 [M]. 北京：化学工业出版社，2019.

[19] 文林峰. 装配式混凝土结构技术体系和工程案例汇编 [M]. 北京：中国建筑工业出版社，2017.

[20] 王洪强、马荣全、李伟. 预制叠合柱、装配式建筑体及装配式建筑体建造方法 [P]. 中国专利：CN109057159A，2018-12-21.

[21] 孙伯禹，马荣全，李伟. 叠合柱可充气式内支撑装置及一次性浇筑叠合柱 [P]. 中国专利：ZL201821389745. 1.